插图本地球生命

ON T[...]
LAND

陆地动物
繁衍史

The Diagram Group 著

张月伦 译

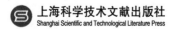
上海科学技术文献出版社
Shanghai Scientific and Technological Literature Press

图书在版编目（CIP）数据

陆地动物繁衍史 / 美国迪亚格雷集团著；张月伦译 ． 一上
海：上海科学技术文献出版社，2022
（插图本地球生命史丛书）
ISBN 978-7-5439-8512-4

Ⅰ．① 陆…　Ⅱ．①美…②张…　Ⅲ．①陆栖—动物—普
及读物　Ⅳ．① Q959-49

中国版本图书馆 CIP 数据核字 (2022) 第 015124 号

Life On Earth: On the Land

图字：09-2021-1012

选题策划：张　树
责任编辑：黄婉清
封面设计：留白文化

陆地动物繁衍史
LUDIDONGWU FANYANSHI
The Diagram Group　著　张月伦　译
出版发行：上海科学技术文献出版社
地　　址：上海市长乐路 746 号
邮政编码：200040
经　　销：全国新华书店
印　　刷：商务印书馆上海印刷有限公司
开　　本：650mm×900mm　1/16
印　　张：10.25
版　　次：2022 年 4 月第 1 版　2022 年 4 月第 1 次印刷
书　　号：ISBN 978-7-5439-8512-4
定　　价：68.00 元
http://www.sstlp.com

总序

　　"插图本地球生命史"丛书是一套简明的、附插图的科学指南。它介绍了地球上的生命最早是如何出现的,又是怎样发展和分化成如今阵容庞大的动植物王国的。这个过程经历了千百万年,地球也拥有了为数众多的生命形式。在这段漫长而复杂的发展历史中,我们不可能覆盖所有的细节,因此,这套丛书将这些内容清晰地划分为不同的阶段和主题,让读者能够循序渐进地获得一个整体印象。

　　丛书囊括了所有的生命形式,从细菌、海藻到树木和哺乳动物,重点指出那些幸存下来的物种对环境的适应与其具有无限可变性的应对策略。它介绍了不同的生存环境,这些环境的变化以及居住在其中的生物群落的演化过程。丛书中的每一个章节都分别描述了根据分类法划分的这些生物族群的特性、各种地貌以及地球这颗行星的特征。

　　"插图本地球生命史"丛书由自然历史学科的专家所著,并且通过工笔画、图表等方式进行了详尽诠释。这套丛书将为读者今后学习自然科学提供必要的核心基础知识。

目录

第 1 章　陆地   1

第 2 章　化石   15

第 3 章　无脊椎动物   27

第 4 章　两栖动物和爬行动物   41

第 5 章　哺乳动物   67

第 6 章　鸟类   129

第 7 章　生物群系   133

本书中，我们介绍了地球这颗行星的演化过程、多样性和特征，以及从古至今生活在地球上的各种生物。我们共分七个章节向读者讲述：

第1章为陆地，展示了陆地上的动物所处的生活环境，并简单地回顾了陆生动物的进化过程。此外，本章还介绍了地球进化史上的物种大灭绝。

第2章为化石，讲述了化石的形成过程、化石年代的测定方法以及一些化石燃料对人类的贡献。

第3章为无脊椎动物，略述现存的和已经绝迹的无脊椎动物的主要种类，其中包括蜗牛、蚯蚓以及各种各样的节肢动物（即节足动物）。

第4章为两栖动物和爬行动物，以其现代种类为例，介绍了这两类脊椎动物的进化过程。

第5章为哺乳动物，是本书中最长的章节。哺乳动物是陆生动物中最重要的种类，本章追溯了哺乳动物的古代历史，并较为详细地介绍了它包含的主要种类，或者说它包含的主要"目"。

第6章为鸟类，介绍了那些不具备飞行能力的鸟类。这些鸟类的生活方式同飞奔的哺乳动物十分类似。

第7章为生物群系，介绍了地球上主要的几种生态环境，并以代表性物种为例，阐明动物如何适应环境。

第 1 章

- - - - -

陆　地

陆地

陆地的总面积约为1.49亿平方千米，占地球表面面积的30%。如今，世界上三分之二的陆地集中在北半球，而澳大利亚、南美洲的绝大部分、非洲的一部分和亚洲的一些边远岛屿都位于南半球。

地球上各主要大陆板块的格局分布，并不是一成不变的。大陆是由地壳板块托载的，而几百万年以来，缓慢的地质作用已经逐渐改变了这些板块的位置。在过去的不同时期里，板块之间以不同的方式相互联结，例如，澳大利亚、南极洲和南美洲曾经是连在一起的。过去的地理分布不仅极大地影响了各种动植物群落的进化情况，还严重制约着它们的扩张能力。

大陆漂移导致了大陆之间的碰撞，相互碰撞的主要大陆板块可能会在边缘慢慢地形成"褶皱"，这个过程需要几百万年的时间。例如，南部的印度洋板块向北漂移，与亚洲的主要板块发生碰撞，形成了喜马拉雅山脉；太平洋板块和南美洲板块相遇并相互挤压，形成了安第斯山脉。喜马拉雅山脉和安第斯山脉都是比较"年轻"的山脉，拥有很多世界上最高的山峰。较为古老的山脉，如苏格兰山脉，经历了几亿年的地质演化，如今已被削磨得较为平坦，其山峰都比较低矮。

各大陆的平均高度是海拔840米，但不同地点的海拔相差很多。

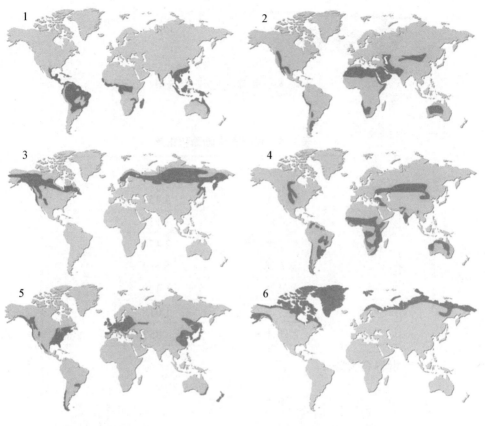

1　**热带雨林生物群系**
　位于赤道附近,气候温暖,雨水充沛。

2　**沙漠生物群系**
　极为干旱,通常比较炎热,几乎没有植被。占陆地面积的五分之一。

3　**针叶林生物群系**
　冬季漫长、夏季短促的林带。

4　**草原生物群系**
　气候温暖或温和,但无法为林木生长提供所需的充足水量。

5　**温带森林生物群系**
　气候温和,具备林木生长所需的充足水量。很多树种的树叶在冬季脱落。

6　**冻原生物群系**
　一年中大多数时间处于冰冻状态,植株矮小。

生物群系
生物群系是指有相似气候条件、类似植被类型的不同区域。

3

按面积大小排列,世界上各大陆面积依次如表1-1所示。

表1-1 世界各大陆面积排序

序 号	大 陆	面积(单位:万平方千米)
a	亚 洲	4 458
b	非 洲	3 137
c	北美洲	2 471
d	南美洲	1 784
e	南极洲	1 400
f	欧 洲	1 018
g	大洋洲	853

世界各大陆

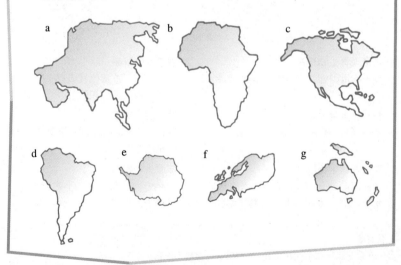

世界最高点是珠穆朗玛峰峰顶,高达8 848.86米[1],而陆地上的最低点在死海海滨,低于海平面430.5米。

陆地上的一些地区,如澳大利亚部分地区和欧洲东部,拥有宽广无垠的大平原。地形的巨大变化,使生活在这里的动物有必要作出适应性改变。正因如此,几百万年来陆地上一直有动物繁衍生息,直到如今的现代世界,仍存有各种各样的动物。当然,地形变化只是动物演化的原因之一。

气候带

地球自转时地轴是倾斜的,所以,南(北)极地区会在春分(秋分)后出现极夜现象。风和海流的循环也会对气候造成影响,但气候的基本类型是简单明了的。热带地区全年气候都十分炎热。纬度较高的地带是温带,

地球上存在着一系列明显的气候带。赤道地区几乎全年阳光直射,非常炎热。越靠近两极,气温越低。在极地,阳光必须穿透厚厚的大气层,才能抵达地表,因而相当寒冷。

---

[1] 据珠穆朗玛峰测绘史,1958—1960年用水银气压计测定为8 882米,1975年测得8 848.13米,2005年测得高度为8 844.43米。通过新技术手段对"珠峰"进行精确测定后,2020年12月8日,中国国家主席习近平与尼泊尔总统班达里共同宣布其最新高程为8 848.86米。

一月和七月的气温带
离赤道越远,不同季节的温度变化越明显,温差越大(右图给出了以摄氏度表示的温度)。

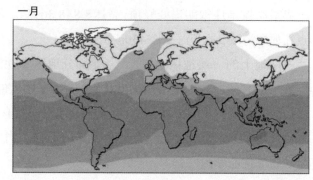

一月

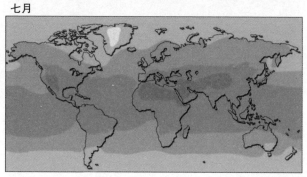

七月

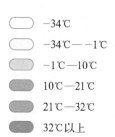

- −34℃
- −34℃——1℃
- −1℃—10℃
- 10℃—21℃
- 21℃—32℃
- 32℃以上

夏季温暖,冬季寒冷。纬度最高的地区,临近两极,这里一年到头都非常寒冷,夏季格外短暂,几乎是转瞬即逝,只有在这会儿,才可能有些冰雪融化。

一般来说,在地球上较为温暖的地带,只要水量充足,生物种类就会丰富多样,这一点不足为奇。南极洲的冰冻荒原最不利于生物的存活。不过,地球上的任何地方都不可能毫无生命。在高山地带,温度随高度增加而递减,所以能在不同的高度发现不同的气候带。在最高山峰的山顶上,会感觉像到了北极一样寒冷。

根据气候和降水量,地球可以划分为几种生物群系。每种生物群系都有其独特的、代表性的植被类型和动物种类,但不同大陆的具体物种可能会不同。

要注意的是,地球并不是一直都这么温暖的。有证据表明,地球在4.45亿年前进入过一个大冰期,在3亿年前又开始了另一个大冰期。从地质学的角度来说,直到不久前,地球才脱离冰期进入间冰期。北美洲的冰盖消融仅是11 000年前的事情。有人认为,我们现在正处于大冰期内一个较为温暖却十分短暂的间冰期。

陆生生物

在4亿多年前,陆地上开始有植物生长。它们的祖先很可能是绿藻,但这些新出现的陆地植物已经进化出一种导水组织,接着,又很快进化出支撑组织。这样它们再也不用像以前

几十亿年来,整个地球的水域中生活着形态各异的大量生物。但是,4亿多年前,陆地上还没有生命存在的迹象。当时的陆地毫无遮掩,备受风雨侵蚀,环境极为恶劣,生命难以生存。

恐龙时代
此时的全球气候都较为温暖。

那样,最多只能像毯子一样平铺在地面上,而是可以向上生长了。

　　陆地上最早出现的动物是节肢动物。它们长有分节的足和一种叫做外骨骼的坚硬外壳。在由水栖环境向陆生环境过渡的过程中,外骨骼对于节肢动物来说,可谓功不可没。在无水的条件下,外骨骼不仅起着支撑作用,还可以防止水分蒸发。它们的呼吸器官也能够很好地适应转变,由呼吸水中的空气转为直接呼吸空气。

　　不可思议的是,早期的一些陆生节肢动物,如蝎子等,与现存种类的外形十分相似。这些陆地上的动物新居民,尽管有的可以以腐烂的植物为食,但总体来说,它们几乎都无法适应直接食用植物,它们中的大部分都变成了掠食动物。

白垩纪
这一时代结束时,各大陆还没有漂移到现在的位置。

知 识 窗

　　不能想当然地认为过去的气候和现在的气候基本相同。在白垩纪(1.45亿—6 600万年前)的大部分时间,地球气候都比较温暖,甚至在极地附近也同样温暖,全球气温比现在要均衡得多。这段时期是恐龙和翼龙的全盛期,即便冬天的极地笼罩在一片黑暗之中,从赤道到南极,都是它们的天下。

表 1-2　不同时期地球上的生物

时期	当时的生物
第三纪 第四纪	灵长目　　　　全齿目　　　　奇蹄目
白垩纪	三角龙属　　　蜥臀目　　　　被子植物
侏罗纪	本内苏铁目　　鸟臀目　　　　蜥臀目
三叠纪	鳄目　　　　　兽孔目
二叠纪	节肢动物　　　盘龙目　　　　松柏门
石炭纪	原兽亚纲　　　节肢动物　　　裸子植物
泥盆纪	蕨类先祖　　　节肢动物　　　迷齿亚纲
志留纪	古蝎属　　　　莱尼蕨属
奥陶纪	阔翅类　　　　地钱
寒武纪	无陆地生物
原生代	无陆地生物

第一代陆地居民
我们哺乳动物的早期祖先一度生活在恐龙的阴影之下。

在这批最早的居民登陆几百万年后,鱼类才开始实施它们的登陆计划,一些鱼进化成为四足类动物,即早期的"两栖动物"。又过了几千万年,如今我们熟悉的两栖动物,如青蛙和火蜥蜴等,才开始出现。在它们登上生命演化的历史大舞台之前,一些四足类动物已经可以在旱地上繁衍了。3亿年前,所谓的"羊膜动物"逐渐进化成为爬行动物和似哺乳类爬行动物。似哺乳类爬行动物就是哺乳动物的祖先。

从恐龙时代起,似哺乳类爬行动物就开始向哺乳动物进化。最早的哺乳动物并不属于我们今天可见的任何种类。我们现在熟知的哺乳动物的主要种类,即单孔目、有袋类和胎盘动物,直到很晚才出现。

物种大灭绝

非鸟类恐龙在 6 500 万年前全部消失了。不仅是陆上的恐龙,其他的爬行动物，如海里的蛇颈龙和空中的翼龙，也都突然消失了。很多鱼类和无脊椎动物绝迹了。在陆地上，体形比狼大的动物几乎没有幸存下来的。多种动物在同一时期大量消失，这就是"物种大灭绝"。

大约7 000万年前，恐龙是陆地上居于统治地位的大型动物。它们种类繁多，能适应多种生活方式，是当时最高等的动物，似乎注定要充当地球上永远的霸主。

为什么会有这么多动物灭绝？我们目前还没有确切的答案，但科学家举出了很多不同的假设试图解释。在这一时期，可能有颗体积较大的小行星与地球发生了撞击，撞击点在如今的墨西哥海岸。我们可以想象到当时的情景：滚滚尘云腾空而起，热浪奔流，烈焰冲天。全球气候很可能由此陷入一片混乱，在很长一段时间内都没有

犹因他兽（左图）
一种大型哺乳动物，在恐龙灭绝之后出现。
盾甲龙（右图）
一种食草爬行动物，生活在2.5亿年前的大灭绝之前。

恢复正常。

　　大约在同一时期,在地球另一端的印度一带,火山喷发后涌出大量熔岩,吞没了周围数万平方千米的土地,也对气候造成了影响。

　　但是,在这些事件发生之前,恐龙就已经在走向衰亡。2 000万年间,恐龙的数量一直在减少。在"大灭绝"于岩石层留下记号之前的几百万年里,一些甲壳动物就绝迹了。那段时期内,海平面的下降使内陆地区变得更为干旱、荒芜,一些新的陆地露出,把以前相互隔绝的地带连了起来。动物可以通过这些陆地,到达以前没去过的彼岸,这实际上加剧了它们之间的生存竞争。突然发生的陨星撞击,也许不过是给这些趋向衰亡的物种最后一击。

　　这次"物种大灭绝"见证了恐龙时代的终结,但它并不是地球历史上唯一的物种灭绝事件。如果以动物灭绝的比例来衡量,这也不

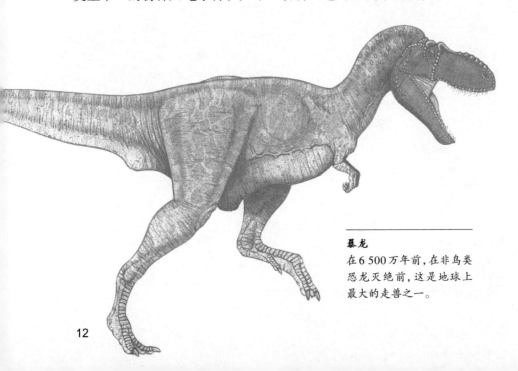

暴龙

在6 500万年前,在非鸟类恐龙灭绝前,这是地球上最大的走兽之一。

是最具灾难性的一次。几亿年的岩石层提供了一些颇为有趣、引人入胜的线索，它们也许能揭示导致恐龙灭绝的真正原因。但毕竟时间已经太久远了，我们可能永远不会知道真相。

时间	发生的现象	可能的原因
4.45亿年前	海洋中的生物多样性大大降低	大冰期到来，伴随火山活动
3.55亿年前	三叶虫、多种鱼类和海绵动物出现	全球气候变冷，浅水地区面积大大减小
2.5亿年前	90%的物种灭绝，包括最后的三叶虫	剧烈的火山运动，海域面积变小，更为极端的陆地气候
2.05亿年前	65%的海洋物种、超过30%的陆生脊椎动物、绝大多数的陆生植物灭绝	气温升高，小行星撞击
0.65亿年前	所有的非鸟类恐龙、其他大型爬行动物、许多其他物种灭绝	气候变迁，小行星撞击，火山活动

第2章

化　石

化石的形成

大部分死去的动植物都不会变成化石，它们可能会被其他生物吃掉，或是彻底腐烂分解。

有时，动植物的遗体在合适的条件下可以保留在岩石中，形成化石。即便如此，它们也有可能被地质作用破坏，例如受到侵蚀或暴露于地表。但是，仍有一些化石可以在岩石中保留数百万乃至数亿年之久，直到有一天，我们把它们发掘出来，并深究其中蕴含的那些久远的生命信息。

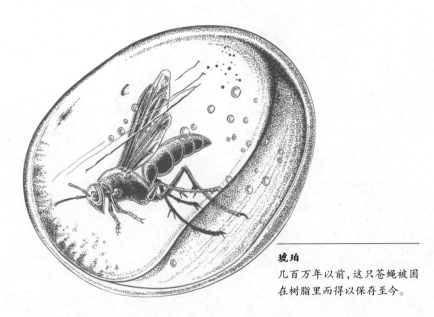

琥珀
几百万年以前，这只苍蝇被困在树脂里而得以保存至今。

16

动物死去，沉到水底。

被掩埋在泥沙中。

被厚厚的泥沙所覆盖。

化石化

埋在水底是最常见的化石形成方式。

经层层泥沙挤压，成为坚硬的岩石。

岩石剥落，化石重见天日。

美国新墨西哥州发现的四足类动物化石

这些"两栖动物"死于200万年前，在一个即将干涸的池塘的泥土层中遗留了下来。

17

世界真奇妙

并非只有动物的尸体才能形成化石，动物生活的洞穴也能在岩石中保存下来，最早的陆地化石中有些就是洞穴。它们到底是怎样形成的，至今还是个谜。

一个脚印，甚至一串脚印，也能在泥土中保留下来。如果它们正好跟哪种动物的脚掌相匹配，我们就可以推理出这种几百万年前的动物在当时是怎样行走的，有时还能计算出它走动的速度。人们还发现了动物粪便形成的化石，这就是粪化石。同样的，如果能够确认它们的主人，我们就可以了解关于这种动物饮食习惯的信息。连窝、巢和蛋都有可能埋在泥沙中形成化石。

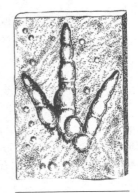

恐龙的一个脚印

一块粪化石

较小的软体动物形成化石遗留下来的机会很小。生活在水中的动物在死后会沉到水底，遗体被水下的泥沙掩埋，这样，它们的骨骼或外壳可能不会腐烂。由于最终被一大层厚厚的沉积物覆盖，其骨骼或外壳可能会渐渐地被新的矿物质替代，从而形成一种坚硬的原型复制品，这就是化石。

有时候，动物坚硬的骨骼或外壳，会被从沉积物中渗入的酸性物质溶解，只留下一个保留着动物原有形状的空壳。

18

陆地上形成的化石比在水中稀少。许多陆生动物之所以能形成化石，也是因为它们的尸体是遗留在水里、水边或者泥沙中的。在陆地上，绝大多数动物的尸体都被吃掉了，或是很快地腐烂了，森林里的动物更是如此。要是被风吹来的沙尘掩埋，或者被火山灰覆盖，它们就有可能形成化石。小动物可能会被困在树脂里，如昆虫或蜘蛛，包裹着它们的树脂会形成琥珀化石。

　　几千年前的近代动物也有可能被保留下来，而不必是几百万年前的远古生物。它们要么是在干燥的环境里变成干尸，要么是在寒冷的环境里被冷冻起来。

化石年代的测定

　　有时，岩石区某一部分可能会变形或倒折，次序被全部打乱。但是，只要地质学家能辨认出发生的到底是哪种情况，他们就可以精确地追查到上一地层或下一地层。

　　　确定化石年代最简单的方法，是看它被发现于哪一岩层。一层沉积岩总是平铺在另一层沉积岩上。在正常的岩石中，岩层越靠上，就越年轻。

　　借助于对全世界许多地区的研究，我们可以绘制出岩石年代序列图。例如，白垩纪这样的主要地质年代，就是通过这一时期沉积的岩石层发现的。我们可以估算

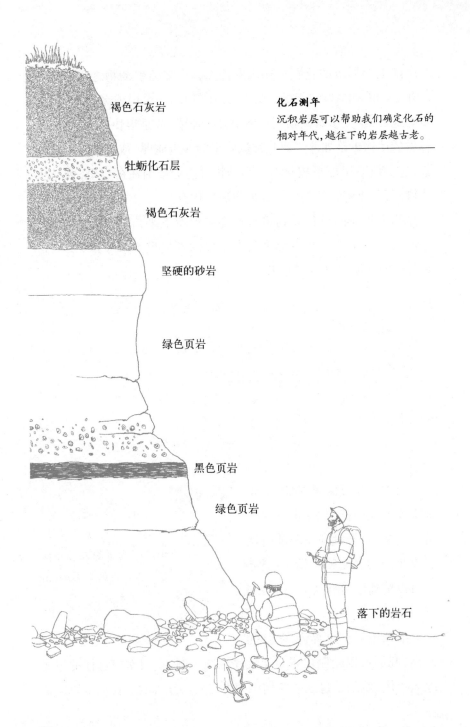

褐色石灰岩

牡蛎化石层

褐色石灰岩

坚硬的砂岩

绿色页岩

黑色页岩

绿色页岩

化石测年
沉积岩层可以帮助我们确定化石的相对年代,越往下的岩层越古老。

落下的岩石

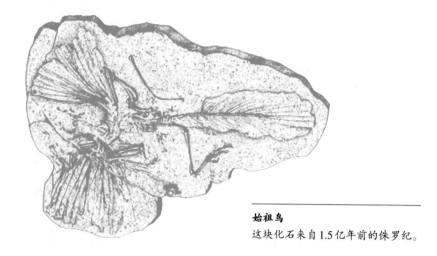

始祖鸟
这块化石来自 1.5 亿年前的侏罗纪。

一下形成这种厚度的沉积物所需的时间，以计算这一地质时期可能的起止时间和持续时期。

存在时期有限但分布较为广泛的物种，可以帮助我们识别同一时期的沉积物，哪怕相隔甚远。详尽的勘测工作可以让科学家们把发现的大部分岩石按年代次序排列好。但是这些岩石的年份是无法确定的，哪怕只是标明大概的年代都做不到，除非我们能发现岩石中含有的放射性元素的性质。借助于放射性同位素，我们可以测定精确的年份，也就是进行绝对测年。至少，火山活动形成的火成岩的年份可以绝对测定。

这些岩石中的矿物质可能含有某种放射性元素，如铀-235。这种元素的原子以一种稳定的速率衰减，也就是失去它们的一些原子，而变成稳定的铅-207。这种铀样品会有一半在 7.13 亿年后变为铅。测一下岩石中铀-235 和铅-207 的相对含量，就可以绝对测定该岩石最初是在多少年前形成的。

不过，测量和计算绝不像我们所说的这么简单。不同的放射性元素有不同的半衰期，分别对应着地球历史上的不同时期。如果火

地质年代表

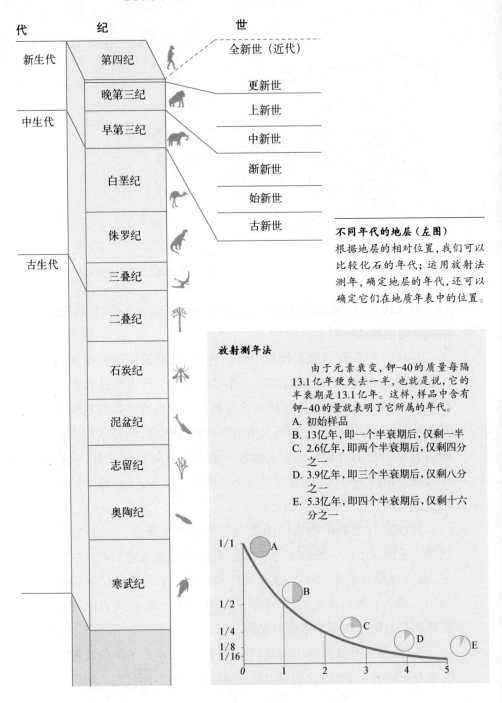

代	纪	世
新生代	第四纪	全新世（近代）
	晚第三纪	更新世
中生代	早第三纪	上新世
		中新世
	白垩纪	渐新世
		始新世
	侏罗纪	古新世
古生代	三叠纪	
	二叠纪	
	石炭纪	
	泥盆纪	
	志留纪	
	奥陶纪	
	寒武纪	

不同年代的地层（左图）

根据地层的相对位置，我们可以比较化石的年代；运用放射法测年，确定地层的年代，还可以确定它们在地质年表中的位置。

放射测年法

由于元素衰变，钾-40的质量每隔13.1亿年便失去一半，也就是说，它的半衰期是13.1亿年。这样，样品中含有钾-40的量就表明了它所属的年代。

A. 初始样品
B. 13亿年，即一个半衰期后，仅剩一半
C. 2.6亿年，即两个半衰期后，仅剩四分之一
D. 3.9亿年，即三个半衰期后，仅剩八分之一
E. 5.3亿年，即四个半衰期后，仅剩十六分之一

成岩形成于不同的沉积层之间，那么沉积物的年代就可以测定。如今，已经有足够的岩石年代被计算出来，我们可以确定大多数化石可靠的形成年代。当然，这些结论还是有一定调整空间的。

化石燃料

利于形成化石燃料的环境并不常有，它们往往集中于少数几个地质年代。这种重要的沉积物已经不可能再生了。虽然地面上还有为数不少的化石燃料，但它们正被人们开采、利用。总有一天，人类再也无法开采到足够的化石燃料来满足文明社会的能源需求了。

煤、石油和天然气都是化石燃料。它们是由很久之前的生物遗骸形成的。这些遗骸经过凝缩后，变成了一种对人类非常有用的资源。

最好的优质煤大都是3亿年前形成的。3.54亿—2.9亿年前的地质时期，之所以被称为石炭纪，正是因为它对应的岩层中含有大量煤炭。在此期间，低地上生长着大片沼泽林，其中的主要树种是石松和木贼，它们可高达30米，与它们的现代亲缘植物相比，要高得多。这些树木死后倒在酸性水环境中，部分得以保存，而没有彻底腐烂。

有时，海水会淹没低地上的沼泽林，沉积物堆积在这些植物残骸之

来自远古的宝贵遗产

3亿年前的沼泽林,是我们现在使用的优质煤的主要来源。

世 界 真 奇 妙

　　据估算,要形成1米煤层,大概需要在上面紧压30米厚的植物残骸。而这些植物,需要5 000年或者更长的时间才能长成。

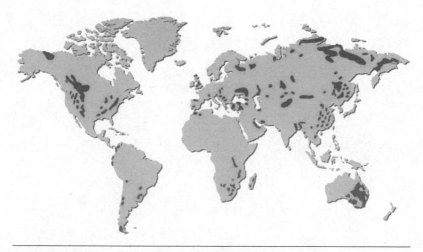

化石燃料的分布

这幅地图标明了世界上发现化石燃料的主要地区。

上,并对其施以重压。之后,海平面下降,植物再度生长,开始又一轮的周期循环。沼泽林在大部分时间里都正常生长,海水和沉积物则间或来袭。尽管如此,煤层比起它周围的沉积物来说,还是要薄得多。

石油也是由生物残骸变化而来的。微小的海洋生物遗体沉积到海底的静水区域中,体内所含的碳化物逐渐析出,并聚集到封闭的岩层中,就形成了石油。

天然气与石油的成因相似,常存在于石油层的上部。正如某些盐层的形成,石油的形成依赖特定的石灰岩。世界上一半以上的石油,都集中在西亚和墨西哥湾的大油田中,它们是在恐龙时代的后半期开始形成的。美国得克萨斯州的石油形成于更早的时期,大约是在1亿年前。

25

第3章

无脊椎动物

蜗牛和蠕虫

蠕虫是最古老的动物种类之一，但它们是软体动物，所以很少留下化石。

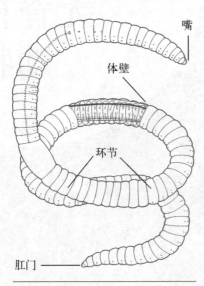

嘴

体壁

环节

肛门

身体构造
蚯蚓由许多环节组成，身体构造非常简单，可它们仍是非常成功的土壤动物。

人们发现过远古时期的蠕虫那柔软的身体留下的痕迹以及它们坚硬的下颚或所居洞穴形成的化石。但是，这些基本上都是海洋蠕虫的遗迹。相比起来，陆生蠕虫成为化石的可能性要小得多。蜗牛这种腹足纲的软体动物出现于5亿年前，但最早的蜗牛实际上是一种海洋生物。最近1亿年来，蜗牛非但没有消亡，种群反而越来越昌盛。蜗牛的外壳很容易形成化石，但绝大多数腹足动物的化石都是在海水中或淡水里形成的，仅有一小部分化石是陆生蜗牛，与我们在花园里常见的蜗牛有亲缘关系。

蚯蚓是我们最熟悉的陆生蠕虫，它们穴居在土壤中，遍及世界各地。蚯蚓的身体是分节的，由很多叫做环节的小环组成，可

你 知 道 吗 ？

大多数蚯蚓的长度在30厘米左右，但北美洲西部的蚯蚓种类还要大一些，南非和澳大利亚的蚯蚓甚至能长到3米以上！

蛔虫

这种类型的蛔虫通常生活在植物或其他动物体内，包括人体内。

达200节，甚至更多。这些环节非常相似，不过靠前的环节里有它的嘴巴、心脏以及它小小的"大脑"和生殖器官。大多数蚯蚓的食物是土壤中的植物碎片，或者是地面上腐烂的叶子。蚯蚓经常进行的挖洞和翻搅土壤等活动，能使土壤疏松透气，还能使土壤保持肥沃。同时，它还是很多动物不可或缺的美味佳肴。

还有一种蠕虫比蚯蚓更"常见"，但实际上人们几乎见不到它，这就是蛔虫。蛔虫的身体形态跟蚯蚓大不一样，它们没有环节，体表是一层光滑的硬皮，身体两端都是尖的，从外表看不出什么特征，很难分辨出头和尾。它们有大有小，大都非常小，甚至要在显微镜下才能看清。有的蛔虫自由自在地生活在土壤中，有的则是作为寄生虫，生活在其他动植物的体内。大多数蛔虫活得非常隐蔽。

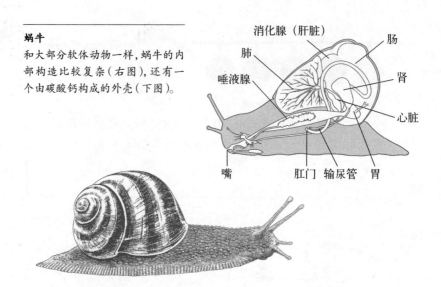

蜗牛

和大部分软体动物一样,蜗牛的内部构造比较复杂(右图),还有一个由碳酸钙构成的外壳(下图)。

消化腺(肝脏)　　肠

肺　　　　　　　　　肾

唾液腺　　　　　　　心脏

嘴　　　肛门　输尿管　胃

蜗牛的身体也是不分节的。蜗牛靠它强健的"腹足"行走,它的腺体可以分泌出具有润滑作用的黏液,以减少身体同地面之间的摩擦。蜗牛的消化系统和其他器官,都藏在它背上的螺旋状硬壳里。在遇到危险时,它就会缩回到这个"小屋"里来,以躲避敌害。蜗牛的感觉器官集中于它的头部。它嘴里有一条锉板一样的舌头,上面排列着许多角质小齿,它就是用这条齿舌来嚼碎植物的。

蜘蛛和蝎子

在4.15亿年前形成的最早的动物化石中,就含有一只蝎子和一

种体形微小的蛛形纲动物，人们
将后者命名为Eotarbus。它并不
是真正的蜘蛛，但外形与现在的
蜘蛛和螨类非常相似。

它们被发现于苏格兰一个叫
做莱尼的地方。大约3.95亿年前，这里有大量的火山泉，泉眼周围
长满了原始植物构成的小树林。后来，这一片树林及生活在其中的
动物，包括那些螨类和Eotarbus，都变成了化石。在一些化石中，保
存着这些动物的书肺，这种折叠式结构与现存的蝎子和一些蜘蛛是
相同的。这种用于呼吸空气的书肺，很可能是从它们的水栖祖先那
里继承并演化来的。

真正的最早的蜘蛛化石，是在美国东部一处3.75亿年前的岩层
中发现的。它长着带毒腺的螯牙和用来纺制蛛丝的纺丝器。可能从
那时候起，蜘蛛就已经能纺丝结网了。

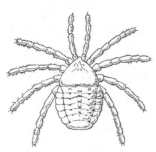

Eotarbus（上图）
这种动物生活在4.15亿年前，
是最早的陆地动物之一。

捕鸟蜘蛛（右图）
这种6厘米长的蜘蛛能吃小鸟，
源自南美洲的巴拿马。

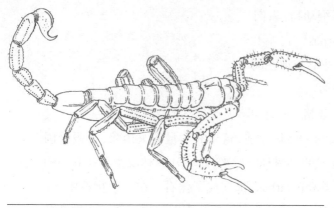

蝎子

蝎子不仅会用钳子捕捉猎物,还可能会用尾巴尖上的毒刺来制服猎物。

拟蝎

这是一种极小的、生活在树叶上的蛛形纲动物。

蝎子、蜘蛛和螨都是蛛形纲动物。这种动物有八条步足和分节的身体,不过很多蜘蛛的身体分节都不明显。此外,它们有几对靠前的步足变成了头部附肢或螯肢。蝎子的螯肢就是用来捕捉猎物的大钳子。比较原始的蜘蛛长有向下刺的螯牙,现代蜘蛛则长有钳形的螯牙。所有的蜘蛛都会从螯牙中喷射出毒液,这种毒液对于较小的猎物是致命的,不过对人来说,就没什么危险了。蝎子也是如此,它们尾巴尖上的刺含有毒液腺,喷出的毒液能杀死小动物,但不会对人类造成威胁。

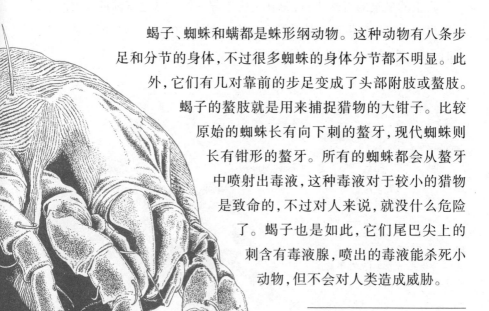

尘螨

这种生物体形微小,但可能会引起一些人的过敏反应。

蜘蛛丝比相同直径的钢丝还结实，但它能被拉长、织成网，还能用来诱捕猎物。蜘蛛丝其实是一种特殊的蛋白质。

蜘蛛和蝎子的历史都很悠久，但现存的蝎子却只有1 200种；蜘蛛种类繁多，科学家命名过的就有3.5万多种。

其他的蛛形纲动物包括拟蝎、避日蛛等，还有3万种螨。可能还有更多微小的螨类，悄悄地寄居在其他生物的体表或体内。不过能引起我们格外注意的，主要是那些能使人类、家畜或植物生病的螨。

千足虫和蜈蚣

在陆地上，4.5亿年前的洞穴化石被认为是千足虫留下的痕迹；4.1亿年前含有植物残骸的小球，则可能是蜈蚣的排泄

蜈蚣和千足虫都是非常古老的物种，它们的先祖生活在5亿年前的海洋里。

33

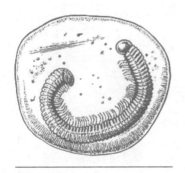

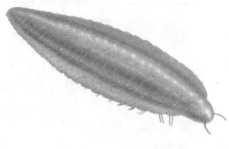

遗迹

这只远古时期的千足虫被困在琥珀里。

巨型马陆

这种千足虫生活在3亿年前,体长2米。

物。4亿年前的千足虫化石,3.75亿年前的蜈蚣化石,使它们跻身于我们已知最早的陆生动物之列。3.15亿年前,千足虫的一种大型近亲,在地面上留下了长达1.8米、宽为50厘米的爬痕,很像现在铁轨的痕迹。

千足虫和蜈蚣的身体前端有个特殊的环节,长有口器和感觉器

千足虫头部

用于细嚼植物残片的口器。

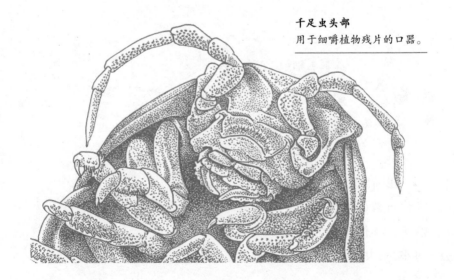

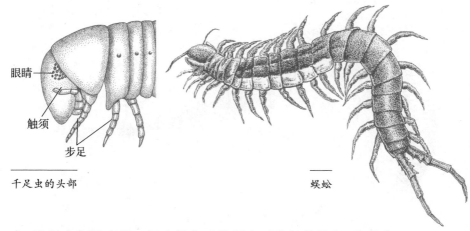

眼睛

触须

步足

千足虫的头部

蜈蚣

官,这是它们的头部。但头部之后的所有环节极其相似,都长有一对对的步足。刚出生时,它们的身体环节并不多,但环节数会随身体成长而增多,直到它们长成成虫。

　　除少数例外,现有的大约1万种千足虫都是草食动物,以腐烂或将死的植物为食,钻进落叶层里或地下钻洞生活。虽然经过了几百万年的演化,它们还是生活在阴暗潮湿的环境里,皮肤上还没有形成防水的表层。千足虫大多长有简单的口器,适合咀嚼植物碎片,不过有些热带千足虫可以吸食植物的汁液。它们眼睛的构造也很简单,让人怀疑它们能否看到东西。它们的触角是用来触碰或感知周围物体气息的。许多千足虫在遭到攻击时,都会从身体侧面喷

　　蜈蚣和千足虫的寿命长得惊人。蜈蚣能活六年甚至更长,千足虫能活十年以上。

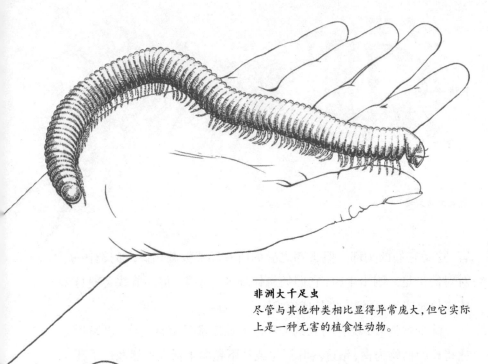

非洲大千足虫
尽管与其他种类相比显得异常庞大,但它实际上是一种无害的植食性动物。

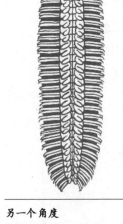

另一个角度
底视图显示,这只千足虫有大量的步足。

出难闻或有毒的液体来击退敌害。尽管它们大都体形较小,不引人注意,但一些热带千足虫可长达25厘米甚至更长。

蜈蚣是肉食性动物,以昆虫或其他小动物为食。它们的口器内有毒颚,有些种类对人类产生的伤害也可能是致命的。最大的热带蜈蚣长达33厘米,体内的毒液可以轻而易举地杀死蜥蜴和老鼠。它们借助触须或步足来探测食物。与植食性的千足虫不同,蜈蚣的步足更长,便于快速移动以捕杀猎物,千足虫则无须快速移动。现存的蜈蚣种类大约有2 500种。

无脊椎动物

就数量和生活方式的多样性而言,昆虫可以说是陆地上最为成功的节肢动物。大多数昆虫都是飞行高手,但还有几类原始的无翼昆虫只能生活在地面上。

与蜘蛛、蜈蚣和千足虫一样,昆虫的脚是分节的。足分节的无脊椎动物叫做节肢动物。

也有些昆虫之所以失去了飞行能力,是因为它们生活在植物体内或地下洞穴里,没有飞行的必要,翅膀就退化了。例如,寄居在其他动物体表的跳蚤就不会飞。

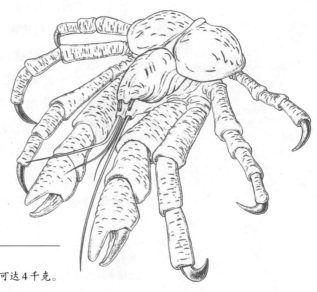

椰子蟹
这种蟹长可达30厘米,重可达4千克。

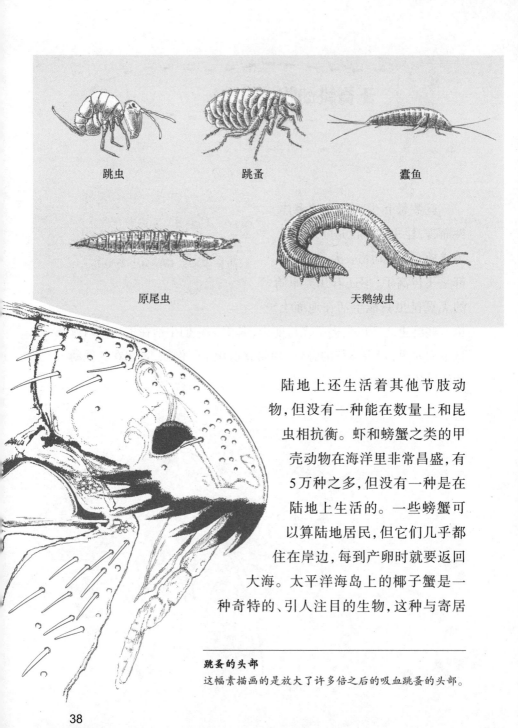

跳虫　　　　　　　跳蚤　　　　　　　蠹鱼

原尾虫　　　　　　　　　天鹅绒虫

陆地上还生活着其他节肢动物，但没有一种能在数量上和昆虫相抗衡。虾和螃蟹之类的甲壳动物在海洋里非常昌盛，有5万种之多，但没有一种是在陆地上生活的。一些螃蟹可以算陆地居民，但它们几乎都住在岸边，每到产卵时就要返回大海。太平洋海岛上的椰子蟹是一种奇特的、引人注目的生物，这种与寄居

跳蚤的头部
这幅素描画的是放大了许多倍之后的吸血跳蚤的头部。

蟹是近亲的动物,居然能自己爬到树上凿椰子吃!

　　鼠妇是一种成功的陆生甲壳动物,它们属于等足目。大多数等足目动物都是在海水中爬行或游动的,其中最大的一种长达42厘米,但绝大部分鼠妇只能长到1厘米左右。鼠妇都有腮,有些鼠妇还长着像昆虫那样的呼吸管道,这些器官有利于减少呼吸过程中的水分流失。大部分鼠妇都没有防水的体表层,却仍然生活在阴暗潮湿的地方,晚上才出来活动。鼠妇以死去或活着的植物为食,它们肠内的细菌可以帮助分解食物。

　　现存仅有80种天鹅绒虫。它们的体色丰富多彩,有蓝色、绿色和橙色等多种颜色,还散发着柔和的光泽。它们一般会避开强光,在夜间活动。天鹅绒虫长度大都在15厘米以下,它们生活在森林底层的落叶堆上或其他潮湿的热带环境里,靠每个体节上的一对步足行走,以捕食小动物为生。它们的颚部和触角,还保留着类似昆虫和其他节足动物的特征,定期蜕皮的特性也是如此。它们有和昆虫一样的呼吸管道和血液循环系统。但另一方面,它们的脚并不是分节的,身体大部分也更像蠕虫。人们曾经认为,它们是蠕虫向昆虫演化过程中的一个过渡体,但二者之间的确切关系至今还无法断定。早期的天鹅绒虫生活在5亿年前的海洋中。

　　鼠妇卵可以直接孵化成小鼠妇,而不需要像大多数甲壳动物那样,经历由水栖幼虫到陆栖成虫的过渡阶段。在孵化之前,鼠妇卵被保存在母虫体内一个充满液体的"小口袋"里。

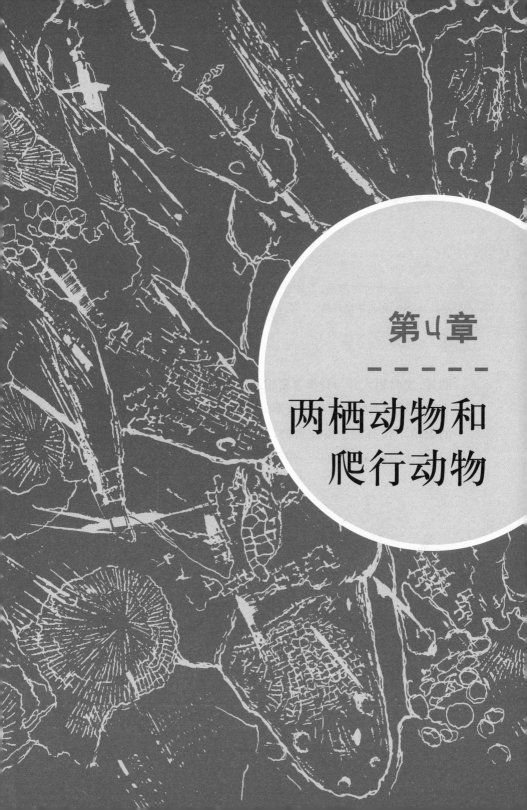

第4章

两栖动物和
爬行动物

青蛙和蟾蜍

对于脊椎动物来说,青蛙和蟾蜍的外形有些不同寻常。

青蛙和蟾蜍的颅骨、脑袋和嘴巴相对于身体的比例较大。它们中的大多数,都能在瞬间拉直长长的后腿从而跃起。身体短粗,有九条椎骨或更少,没有肋骨,坐骨粗大并与脊椎紧密相连,这些适应性特征都有利于跳跃,它们较短的前腿还起着减震器的作用。青蛙是食肉动物,它们大大的眼睛不仅有助于发现猎物,还有种特殊的功能——通过收缩眼肌、挤压眼球来帮助自己吞咽食物。

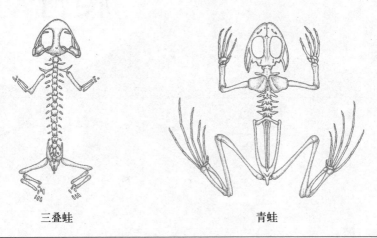

三叠蛙　　　　　　　　　　　　青蛙

骨架图
青蛙的脊椎非常短,上图化石中的三叠蛙就是这种倾向的开端。

42

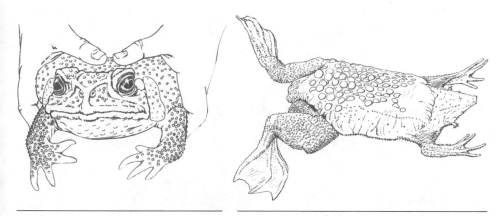

海蟾蜍
最大的陆生两栖动物之一,是如今澳大利亚一种主要的有害动物。

负子蟾
这种生物完全是水生的。

　　已知的最早的类蛙两栖动物是2.2亿年前的三叠蛙。之后,蛙类的外形就和现代蛙一样了。不过,它们可能是到6 500万年前才开始大量繁衍的。现存的青蛙和蟾蜍约有3 500种。它们大小各异,最小的成年蛙只有1厘米长,而西非的霸王蛙可长达35厘米。

　　一些青蛙和蟾蜍深居在地下洞穴里,另一些则生活在地表;一些是爬树高手,另一些则生活在水中或水边。它们都有着湿

世 界 真 奇 妙

　　达尔文蛙会把它的卵吞进声囊中。直到小蛙发育成成蛙,它们才会离开这个特殊的"孵化室"。

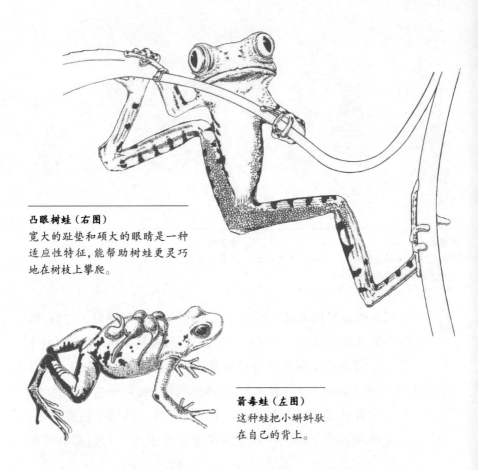

凸眼树蛙（右图）
宽大的趾垫和硕大的眼睛是一种
适应性特征，能帮助树蛙更灵巧
地在树枝上攀爬。

箭毒蛙（左图）
这种蛙把小蝌蚪驮
在自己的背上。

润、无鳞的皮肤，这是它们大都生活在潮湿之处并在夜间活动的
原因之一。许多蛙类皮肤内的腺体能分泌一种物质来阻止敌害
的进攻。有些蛙类的分泌物对其他生物可能是致命的，如巴拿
马箭毒蛙。

两栖动物一般都在水中产卵。这些在体外受精的受精卵，会
孵化成有腮的水栖幼体，然后发育成成体，开始在陆地上生活，用
肺和皮肤来呼吸空气。有些蛙类一次产卵的数量能达到1万粒，这
主要是考虑到在受精卵和蝌蚪形态时期，它们可能会遭受大量损失

甚至是全灭。蛙类的繁衍方式可谓千奇百怪，令人叹为观止。有些箭毒蛙先是在潮湿的地面上守卫着它们的受精卵，直到小蝌蚪孵出，再把它们放到背上带入水中。有些蛙类把身体的分泌物击成大量卵泡，并黏附在水面的树枝上，然后把卵寄存在里面，小蝌蚪孵出后就会掉进水里。还有一些蛙类会把受精卵或小蝌蚪放在各式各样的皮肤口袋里。

不可思议的是，有五分之一的蛙类会把卵产在陆地上，这些卵会直接变成小蛙。

火蜥蜴

总体来说，火蜥蜴与几亿年前最早的四足类动物非常相似。但是，与这些远祖比起来，它们已经发生了很大的变化。

现仅存的350种火蜥蜴几乎都生活在赤道以北的地区，其中在北美洲分布得最为广泛。据说，

> 火蜥蜴和蝾螈都是长身体、长尾巴、小脑袋的两栖动物。它们的身体两侧长有两对短足，在爬行时，它们总是把身体从一边扭到另一边。

美国田纳西州火蜥蜴的种类，比整个欧亚大陆上的加起来还多。一些火蜥蜴永久地返回到了水生的生活方式，但大多数还是陆生动物。它们的长度在15厘米左右，以捕食小猎物为生，如昆虫、蠕虫和鼻

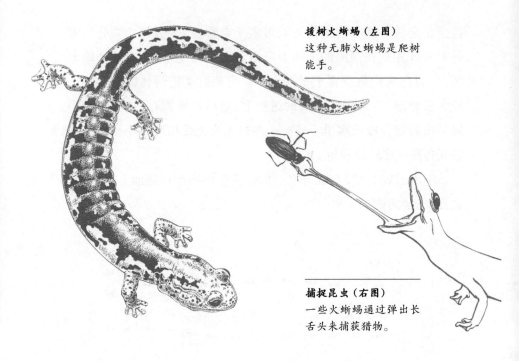

攀树火蜥蜴（左图）
这种无肺火蜥蜴是爬树
能手。

捕捉昆虫（右图）
一些火蜥蜴通过弹出长
舌头来捕获猎物。

涕虫等。由于皮肤薄而湿润，它们一般居住在潮湿的环境中。许多
火蜥蜴一生中的大部分时间里都无所事事，无非就是藏在洞穴里或
石头和原木下休息。

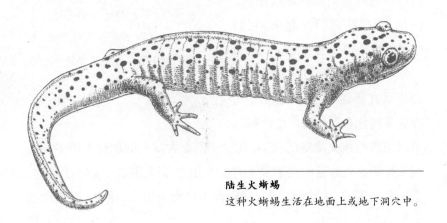

陆生火蜥蜴
这种火蜥蜴生活在地面上或地下洞穴中。

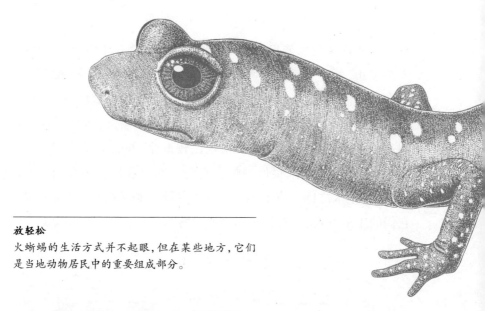

知 识 窗

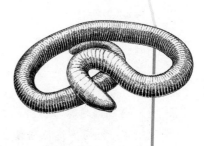

　　有些蚓螈的幼体是水生的,有些是以小型成体的形态孵化出来的,但许多已知的蚓螈种类都是直接产下幼崽的。在卵黄耗尽之后,母体可以分泌出一种特殊的物质来哺育体内的小宝宝们。

　　春天一来,蝾螈就会下水。在那里,它们将完成求偶和交配,随后产下的卵将孵化成小蝾螈。成体蝾螈大部分时间都生活在陆地上;而少数火蜥蜴在潮湿的陆地上产卵,甚至直接产下幼崽。

　　在陆地上,火蜥蜴和蝾螈通过皮肤、口腔黏膜和肺进行呼吸。对于呼吸空气的动物来说,没有肺可能会被认为是一种缺陷,但在火蜥蜴庞大的家族里，有200种都是完全没有肺的。它们体形大都很小，靠皮肤就可以吸收到足够的氧气。许多火蜥蜴都是技术高超的捕猎者，可以从嘴里弹出长长的舌头来捕获昆虫。

蚓螈是一种奇特的两栖动物，既不像火蜥蜴，也不像蛙类。它们在土壤中穴居，没有四肢，视觉比较退化，视力非常有限，身上有很多环褶，看起来很像蚯蚓。它们以蠕虫和昆虫为食，体长在11—70厘米之间。它们的颅骨非常坚硬，利于挤压、掘穿泥土。它们的生活方式，还有很多不为人知的方面。

早期的爬行动物

有些四足类动物从水中登陆之后，反而更适应陆地上的生活。

四足类动物的一类，包括蚓螈和它的近亲，都生有强壮有力的四肢，能够支撑它们的身体离开地面。蚓螈体长60厘米，生活在大约2.8亿年前。它们的某些外形特征与爬行动物非常相似，实际上也一度被归为爬行动物。但是，它们的颅骨上还保留着侧线管，这种结构在鱼类和两栖类动物身上，是用来容纳感知水流运动的感觉器官的。人们还发现了它们水生幼体的化石，因此，它们还不算是爬行动物，但很可能经进化后成了某种爬行动物。

接下来的一个重要改变，就是有壳卵的出现，使得爬行动物和似哺乳类爬行动物成为"全职"的陆地居民。这种壳为胚胎搭建了一个独立的小空间，便于它的生长。在有壳卵内，一层薄膜包围着胚胎，不仅起到了保护作用，还有利于它的呼吸。不幸的是，卵化石和皮肤化石都非常稀少，这就意味着，我们要区分爬行动物和非爬行动物的话，就不得不从它们的骨骼，尤其是颅骨开始研究。

林蜥
这是最早的爬行动物之一。

蜥螈
爬行动物可能是从这种四足类的"早期两栖动物"进化来的。

被确认的最早的爬行动物，是一种叫做林蜥的小动物，它生活在3.1亿年前如今加拿大新斯科舍省所在的地区。它体长20厘米，外形像蜥蜴，不过两者之间并没有近亲关系。它的头部较小，牙齿小而锋利，便于啮食昆虫。林蜥出现之后，爬行动物迅速进化。其中有些仍保留着较小的体形，有的则进化为庞然大物。大多数都保留着食肉或食虫的习性，还有一些却长出了适于食草的牙齿。

巨颊龙身壮体重，长达2.5米或更长，四肢强健，可以支撑它们的体重。它们和现代的食草蜥蜴一样，长有叶状牙齿。

盘龙目

这些似哺乳类爬行动物既包括植食性动物又包括肉食性动物。肉食性盘龙目动物的颅骨较长，牙齿利于咬合，如异齿龙，它们的前颚生有长长的剑形犬齿。植食性盘龙目动物的短颚上有一丛丛的钉状齿，如杯鼻龙。有些盘龙长可达3米以上。这些早期的似哺乳类爬行动物在2.5亿年前灭绝。

杯鼻龙（左图）
它们虽然体重如牛，但只是早期的一种植食性动物。

异齿龙（右图）
这种动物的牙齿很适合捕食猎物。

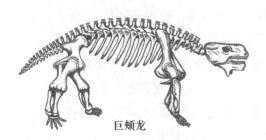

巨颊龙

最初的陆地居民
巨颊龙长达2.2米，是陆地上最早的大型植食性动物之一。

恐龙的兴起

很快,恐龙成为陆地上占统治地位的大型动物,直到6 500万年前,除鸟类之外的恐龙全部灭绝。这一时期内,很多种类的恐龙不断崛起,继而消亡,又很快被新种类取代,再开始新一轮的盛衰兴亡。它们大小各异,体形各异,饮食习性也各不相同,但造成它们种族兴旺的原因却非常简单。恐龙股骨的顶端有个球状突起物,以一定角度伸

恐龙生活在2.35亿年前,很可能是从派克鳄这样的小型爬行动物进化而来的。这种身长不过50厘米的肉食性动物的颌槽中长有牙齿,这是恐龙的典型特征。

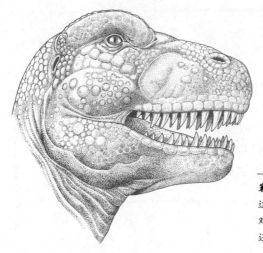

霸王龙
这是一种大型的肉食性恐龙。
对于它的行走速度,科学家目前
还没有形成统一的看法。

出,恰好与坐骨上某个关节窝相合,这样就便于它们身体下面的四
肢在垂直方向上活动。这样,恐龙在行走或跳动时,四肢就可以轻
易地前后摆动。大多数爬行动物的四肢都是从侧面伸出的。

　　这种改进后的四肢还有利于支撑体重。有些恐龙的体重在

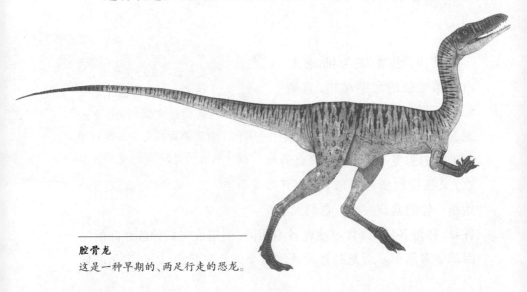

腔骨龙
这是一种早期的、两足行走的恐龙。

腕龙
这是最大的恐龙之一，前肢很长。

　　腕龙长可达27米，重可达80吨，其体重相当于20只
成年大象。在很长一段时间里，它都被认为是已知最大
的恐龙。但现在，我们已经发现了更大的恐龙，如阿根廷
龙，它可能有35米长，100吨重。梁龙甚至会更长，但没
这么重。绝大多数大型恐龙的长度和重量，都是科学家
估算出来的。把它们残存的骨头化石与我们更为熟知的
动物对比一下，就能估算出来了。

陆生动物中可谓空前绝后，有些则个头较小、体态轻便、善于奔
跑。早期的恐龙很多都是后肢比前肢粗大，是名副其实的两足动
物。后来，恐龙变得越来越重，就倾向于四肢并用以支撑体重，
但有些恐龙仍保留着两足行走的形态。重达6吨的霸王龙是一种
硕大的肉食性动物，但它前肢短小，仅靠后肢行走。
　　大多数科学家都把恐龙划分为两类。第一类是蜥臀目（蜥臀类），已知的最早的恐龙就属于这一类。

蜥臀目包括各种各样的肉食性恐龙和一种主要的植食性恐龙——蜥脚下目。它们体形庞大，颈长尾长，四肢很像象脚，相比之下，头部显得很小。它们用牙齿把植物撕扯下来，然后吞咽到叫做砂囊的胃中，先前被吞下的石头可以把食物磨碎，就和鸟类一样。蜥脚下目包括我们熟悉的梁龙属和迷惑龙属（包括雷龙）。

适于捕食
弯龙及其近亲可能有种特殊的舌头，能把植物直接拖进口腔内。

恐龙的种类

恐龙分为两类：蜥臀目和鸟臀目。

鸟臀目恐龙无一例外的都是植食性动物。在恐龙时代的末期，体形巨大的蜥脚下目在地球上的很多地方都绝迹了，鸟臀目便成为主要的食草动物。鸟臀目包括我们熟悉的剑龙、禽龙、三角龙等。

禽龙是分布最为广泛的恐龙之一，在南美洲、欧洲和亚洲都发现过它们的遗迹。它们的喙里没有牙，但长有臼齿来磨碎食物。

温暖的气候和充足的食物有利于种群的大量繁衍。许多植食性动物，从大型的蜥脚下目到三角龙，似乎都是群居生活的，这样更安全。

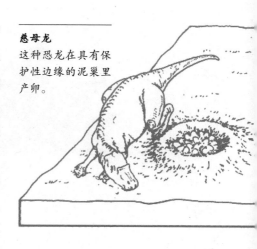

慈母龙
这种恐龙在具有保护性边缘的泥巢里产卵。

有些鸭嘴龙能够消化像松针这样粗糙的食物。它们无牙的喙的后部，排列着密密的磨牙，新的磨齿不断地从后面长出，取代已经磨碎的牙齿。一只鸭嘴龙可以有2 000颗牙齿，这是脊椎动物可拥有的最高数目。有种鸭嘴龙叫做慈母龙，人们发现了它们的育种化石群，那个泥巢里堆有大量的恐龙蛋和幼体，像小火山口一样。借助于此，科学家了解到大量慈母龙育种方式的信息。

——
禽龙

55

剑龙

三角龙

　　有很大数量的鸟臀目恐龙是甲龙。尽管不像其他恐龙那么体形庞大、引人注目,但它们仍非常成功。它们的牙齿细小,很可能是以柔嫩的植物为食。它们最有特色之处,就是身披厚厚的"铠甲",这可能是其种群兴旺发达的原因所在。甲龙背上覆盖着骨板,遍布角刺的骨钉也提供了很好的保护作用。有的甲龙的尾尖上生有骨锤,构成了更具威力的防范武器。

厚头龙和它的近亲有着坚硬、厚重的头颅。雄性厚头龙之间可能会像现在的山羊一样相互顶撞头部，进行争斗以争夺雌性。这种厚实的颅骨兼具攻击和保护的作用，但这样一来，就没有给大脑留下多少空间。

鸟臀目的植食性恐龙便是肉食性恐龙的猎物，后者都属于蜥臀目，包括巨大无比的霸王龙和迅疾如飞的伶盗龙、恐爪龙。恐爪龙身长3米，后脚上长着一对锋利的巨爪。更小的肉食性蜥臀目恐龙则有生活在8 000万年前的蜥鸟龙。它们的头、脑和眼睛都很大，其中大大的眼睛有助于它们在突袭小猎物时判断距离，蜥鸟龙可能是在夜间捕猎的动物。

乌龟和喙头蜥

羊膜动物的一支进化成了单颞孔动物（单孔亚纲）。早期的羊

最早的爬行动物,除眼眶和鼻孔外,在颅骨的侧面和顶端都有坚硬的骨头。现存的爬行动物中,只有陆龟和水龟还保留着这种类型的颅骨。

膜动物包括爬行动物和似哺乳类爬行动物的祖先。似哺乳类爬行动物如今都已绝迹,但人类和其他哺乳动物正是它们的后代。

大多数爬行动物的头骨侧面都是双颞孔,这不仅使头骨变得更轻,还有利于下颌肌肉的生长。这种有双颞孔的双孔亚纲动物包括许多已经灭绝的物种,如非鸟类恐龙等。蛇和蜥蜴是现存的双孔亚纲动物。

最早的陆龟化石形成于2亿年前,那时的陆龟具有同现代陆龟非常相似的身体构造。关于它们的直系祖先,目前我们了解得不多。

陆龟长有鳞片和类似早期爬行动物的硬壳。它们一般会在沙地里产下有壳卵。陆龟背上的硬壳由两部分组成,外层的角质甲相当于鳞片,内层由真皮增生的骨质板形成,并与脊椎和肋骨融合在一起,构成了坚实的保护壁垒。它们的髋骨和肩胛骨末端都位于肋骨内,而非肋骨外。由于肋骨不能移动,它们的肋间肌格外发达,大大增强了肺的呼吸效率。总体来说,陆龟的硬壳起到了很好的保护作用,但同时也限制了它们的灵活性。陆龟没有牙齿,只有

原颚龟
早在2亿年前,这种动物就已经有了披甲的外壳。

龟壳和龟骨

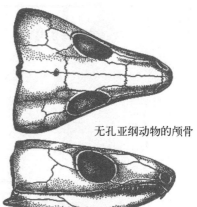

无孔亚纲动物的颅骨

无孔亚纲动物
无孔亚纲动物不仅缺少眼眶和鼻孔，还缺少颅骨的侧孔。

角质喙。

　　陆龟通常都是行动缓慢的食草动物。有些乌龟即使在完全长成后，身体比10厘米也长不了多少，但印度洋群岛和科隆群岛上的巨型陆龟长可达1.4米、重可达250千克。

　　喙头蜥是2亿年前广为分布的一种双孔亚纲动物唯一的后代，它们现在仅存于新西兰沿岸的海岛上。在长达1.4亿年的演化过程中，喙头蜥几乎没有发生什么变化。它们生活节奏迟缓，非常有趣。小蜥可能要花15个月才能从卵中孵出。在大多数爬行动物都无法忍受的低温环境中，它们却仍然可以保持活跃。

喙头蜥
这种生物如今只生活在几个小岛上。

59

知 识 窗

　　喙头蜥能活到100岁。希腊陆龟和箱龟也能活到100岁以上。有只亚达伯拉象龟在它大约50岁时，被带到了毛里求斯岛，在那里，它又活了152年。

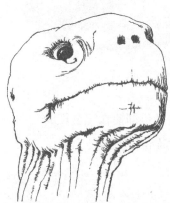

亚达伯拉象龟
这种巨龟仅生活在那些没有什么陆生天敌的岛上。

蜥蜴

　　现存最大的蜥蜴是印度尼西亚的科莫多巨蜥，长达3米；最小的是西印度群岛上的一种壁虎，只有1.8厘米。蜥蜴的典型特征是长尾巴、长身子，四肢平铺在体侧。很多蜥蜴在受到攻击时，会自行将

尾巴挣断，断尾在短时间内还能继续跳动，从而吸引敌方注意，蜥蜴可以趁机迅速逃走。不久之后，它们又能长出一条新尾巴。

蜥蜴的视觉和色觉大都很好。它们的耳朵位于脑袋侧面的小洞里。舌头是另一种用来感知、探测周围环境的重要器官。蜥蜴的口腔顶壁上有种化学感受器，叫做犁鼻器，它对于舌尖上沾到的外界化学物质非常敏感。蜥蜴的鳞片形态各样，从柔软皮肤上的微粒状斑点到相互交

"品尝"空气
科莫多巨蜥用它分叉的长舌头来"品尝"空气，以捕捉空气中的温度、湿度等信息。

蜥蜴是从2亿年前进化来的。现存有3 500种蜥蜴，它们生活在世界各地的温暖之处，大都体形较小。

威胁的姿势
澳大利亚的伞蜥，可以通过张开它的伞状皮膜来威胁它潜在的敌害。

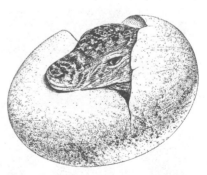

科莫多巨蜥出壳
大多数蜥蜴是卵生的，如科莫多巨蜥。

61

你 知 道 吗？

蜥蜴能发出的唯一声音，就是"嘶嘶"声。它们之间依靠颜色和视觉信号来交流。但大多数在夜间活动的壁虎，却能发出各种滴滴答答、叽叽喳喳的噪声以进行交流。

叠的粗糙板壳，不一而足。还有些蜥蜴，如刺尾飞蜥，鳞片演化成为用于防卫的脊刺，十分锋利。

大多数蜥蜴以昆虫或其他动物为食，也有几种是以植物为食的，如美洲鬣蜥。蜥蜴的体形和适应性特征也是多种多样的。巨蜥蜴大都身形庞大，脖子较长，身体很短，腿爪非常强健，是极为强大的食肉动物。处于另一个极端的是皮肤光滑、富有光泽但没有腿脚的蛇蜥。

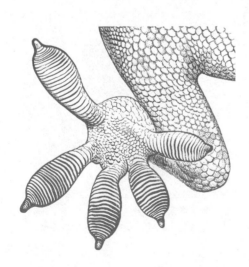

美洲鬣蜥善于攀缘。它们的长脚趾和脚爪有助于抓握树枝，长长的尾巴有助于保持身体平衡。

有些蜥蜴更是攀缘专家。变色龙的四肢均有两

闭合
在壁虎紧贴着玻璃表面时，它趾内的皱褶能看得一清二楚。

趾与三趾相对而握,适应于抓牢树枝。此外,它的尾巴也可以缠绕树枝。它们常常在树上缓慢爬行以跟踪猎物,然后突然射出附有黏液的长舌头,来粘捕昆虫。变色龙的舌头可伸出到和它的体长差不多的长度。

变色龙
这种动物能改变体色和形状以适应环境,并因此广为人知。

壁虎的脚趾内有很多皱褶,皱褶上有许多微小的突起,如此就能攀住玻璃这样的表面。它们可以飞檐走壁,可以倒挂在天花板上,至于攀爬树和岩石,则更是轻而易举。

蛇类

蛇的身体十分细长,因此只长有一个肺。蛇的其他内脏也都非常窄长,像它的两个肾,就是前后挨着放在一起的。从体形

蛇有将近2 500个种,是种群相当繁盛的现代动物。蛇没有四肢,但一些较"原始"的种类,如巨蟒,还长有很小的后肢残迹。

63

黑曼巴蛇
这种非洲蛇行动迅疾，属于眼镜蛇属。

来看，蛇的生活会受到很多限制，但实际上它能在各种各样的环境里生存。有些生活在干燥的地面上，有些居住在地下巢穴里，还有的蛇把自己缠绕在树上。

　　蛇的颚部和颅骨都极其柔软，嘴巴可以张得非常大。甚至在吞进猎物之后，它的两半下颌骨还可以在猎物身周来回"游走"。这种能一次吞咽大量食物的本领，弥补了它没有四肢的短处。在两次进食之间，蛇可以等候很长时间。像蜥蜴一样，它们会周期性地蜕皮，而且经常是整个外皮完全蜕去，换上一层亮丽光鲜的新外皮。

　　最早的蛇是1.3亿年前由蜥蜴进化而来的，它们可能是大型的蟒。进化后，一些蛇能分泌毒液，以制服猎物。蟒和蚺没有毒液，它们捉住猎物后，会盘起身子将它缠紧，最终使猎物窒息身亡，包括水游蛇在内的较大型的科均是如此。有些水游蛇会将猎物缠挤致死，

丰盛的大餐
巨蟒能吞下像鹿那么大的动物。

印度眼镜蛇（右图）
在遇到危险时，印度眼镜蛇的颈部皮肤会胀成扁宽的头巾状。

蝰蛇的颅骨（左图）
该颅骨显示了蝰蛇特有的折叠状毒牙。

不过更多的则是直接吞咽捕获的青蛙或小型哺乳动物。

有些蛇在口腔后部长有毒牙，毒牙附近有张开的毒腺，蛇咬住猎物后，毒液便可将其麻醉。大多数具有后毒牙的蛇都不会对人类造成危害。但眼镜蛇及其近亲长有较大的毒腺，与它们前颚的短牙相连，毒液可沿毒牙上的沟槽流入猎物体内，并麻痹它的神经系统。

蝰蛇和响尾蛇也有前毒牙，但它们要长得多。这些毒牙平时是折起来向后倒放在口中的，会在蛇张口时随上颌骨张开而伸出。它们会像皮下注射器一样，把毒液注射进猎物体内，从而对猎物的血液和肌肉造成损害。

世界真奇妙

　　响尾蛇和蝮蛇都具有一种特殊的感官。它们脸颊两侧有种叫做颊窝的感热器官，能够使它们觉察到四周的热量。这让它们即使在黑暗中，也能准确无误地向附近的温血动物发起进攻，并成功地捕捉到猎物。

响尾蛇的响声

响尾蛇之所以能发出响声，是因为它的尾部末端有一串角状的响环。

第5章

哺乳动物

最早的哺乳动物

和最终进化为哺乳动物的似哺乳类爬行动物一样，爬行动物是最早出现的广为分布的陆生脊椎动物。在将近1亿年的时间里，一代又一代的爬行动物相继统治着地球。

2.5亿年前，地球上发生了一次大灭绝，一些似哺乳类爬行动物幸存了下来，其中包括犬齿兽。2.15亿年前，它们逐渐演化成最早的哺乳动物。然而此时，在陆地上占有绝对统治地位的是恐龙。哺乳动物与它们共生共存，但相比起来，是那么的无足轻重。

犬颌兽
这种兽孔目的似哺乳类爬行动物，很可能长有皮毛和胡须。

直到后来,非鸟类恐龙全部灭绝,这种情况才有所改变。

从爬行动物向哺乳动物的转变并不是一蹴而就的。犬齿兽在体形上更像是狼一类的动物,后来经历了几百万年的演化,它们才开始具备哺乳动物的典型特征。下表中列出了爬行动物与哺乳动物一些特征上的主要区别:

爬行动物	哺乳动物
胸腹之间没有肌性隔膜	肌性隔膜有助呼吸
肋骨纵贯全体	长肋骨仅存于胸部
四肢向体侧伸出	四肢向身体下方伸出
颚内牙齿相似	颚内不同部位的牙齿不同
齿形简单	齿形和齿根复杂
内耳单骨	内耳有三块听小骨
下颌多骨	下颌单骨
产有壳卵	直接产下幼崽
不哺育后代	母体分泌乳汁来哺育后代
皮肤上覆有鳞片	体表覆有毛发

早期的似哺乳类爬行动物和爬行动物有许多共同特征,但哺乳动物和爬行动物之间区别较大。例如,爬行动物的头部有两块骨头,是构成它们下颌的部分,但在哺乳动物身上,则变成了极小的耳中骨。我们可以依据内耳有三块听小骨这一点,把一块化石确认为哺乳动物。在哺乳动物的化石及胚胎的形成过程中,我们能发现这种变化。

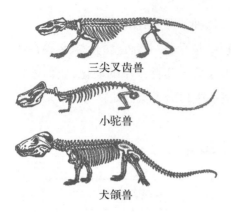

三尖叉齿兽

小驼兽

犬颌兽

以乳汁哺育后代或体表覆有毛发等特征，是无法在远古动物的化石中显示出来的。但是，随后的犬齿兽的颅骨化石表明，它们口鼻部的凹槽和孔眼，可能就是胡须生长之处，它们多肉的唇部则可能含有大量血管。

我们几乎可以肯定，那种体表覆有一层毛发并具有横膈膜以提高呼吸效率的动物，都是温血动物。但是，早期的哺乳动物可能并不像今天的大多数哺乳动物一样，具有较高的、恒定的体温。

哺乳动物在四肢进化之后，动作更加敏捷。但此之后，开始了一种进化趋势：它们变得越来越小、越来越轻。

产卵的哺乳动物

在世界上某些地方，我们可以筛分、过滤泥土，从中析取哺乳动物细小的牙齿。牙齿反映出的一些基本情况，可以启发我们对这种动物生活方式的推断。但如果没有其他的骨头化石，就很难确定哺乳动物的进化方式，我们也无从得知这些哺乳动物是直接产下幼崽，还是产卵孵蛋。

　　与恐龙共存过的"哺乳动物"，有六七个种类。其中已知的最大一种是多瘤齿兽目。它们的牙齿上长有小瘤，或者说小的突起，它们还长有大大的前门牙和强健有力的颚部。它们的生活方式可能跟今天的啮齿动物相似，不过两者之间并没有什么亲缘关系。有些多瘤齿兽目的动物能长

　　2亿年前的原始哺乳动物体形很小，如摩尔根兽，它们和恐龙共同生活在地球上。在这之后的哺乳动物的进化历史，我们就知之甚少了。很小的哺乳动物是很难形成化石的，有时只有它们身上最坚硬的部位才会遗留下来，比如牙齿。

到土拨鼠那么大，在当时的哺乳动物里算得上是巨大了。恐龙灭绝之后，它们又存活了几百万年，但现在也全部灭绝了。现存的三类哺乳动物是单孔目、有袋类和胎盘动物。

　　单孔目动物都是卵生的。只有两种单孔目动物存活至今，即鸭嘴兽和针鼹。它们在保留了原始特征的同时，都发生了特化。针鼹

摩尔根兽
和早期的许多小型哺乳动物一样，这种动物以昆虫为食。

的背部有脊柱,颚内无牙,长长的舌头上附有黏液,可以卷食蚂蚁和白蚁。它脚爪发达,是个掘洞能手。它主要在夜间活动,白天也较为活跃。鸭嘴兽则以在水中捕食猎物为生。

与大多数哺乳动物相比,单孔目动物能量消耗比较慢,体温比较低。当幼崽从小小的革质卵中孵出时,它们还非常弱小,发育很不完全。

针鼹
针鼹是现存产卵的哺乳动物之一。

雌兽以乳汁哺育幼崽,但它没有专门的乳头。开口的乳腺位于腹部,乳汁顺着腹毛流出,供幼崽吸吮。

知 识 窗

现在单孔目动物只生活在澳大利亚地区。过去,对于它们几百万年前的演化历史,人们一无所知,直到近年来

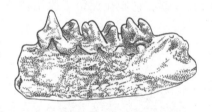

发现了它们的化石,才有所了解。硬齿鸭嘴兽是1.1亿年前生活在澳大利亚的单孔目动物。我们根据一块长有牙齿的颚部化石推断出它的存在。现代的单孔目动物成体并没有牙齿,那么科学家又是怎么知道这块化石所属物种的呢?答案在于,其实小鸭嘴兽是有乳齿的,硬齿鸭嘴兽的牙齿与此类似。我们还发现了其他的鸭嘴兽化石和大型针鼹的化石。在南美洲,就发现了一块鸭嘴兽化石。

适于捕食

鸭嘴兽的喙上有一层敏感的皮肤,能帮助它们找到食物。

古代的有袋动物

一些有袋动物没有育儿袋,幼崽只能衔着妈妈的乳头,随之四处走动。它们再长大一点的话,可能会骑在妈妈背上。一提到有袋动物,人们首先想到的就是袋鼠,但实际上袋鼠种类繁多,

有袋动物的幼崽在出生时,发育还很不完全。许多有袋动物都有一个特别的口袋,叫做育儿袋。幼崽就住在里面,衔着乳头吮吸乳汁,直到长大。

袋剑虎
这是一种肉食性的有袋动物，长有马刀齿，体形和美洲虎差不多。

而且有着漫长的演化历史。除一种袋鼠外，它们如今仅生活在澳大利亚地区和南美洲。

在北美洲发现的7 500万年前的一处化石，是已知最早的有袋动物。它们一度从北美洲扩散到欧洲，但并没有在那里大量繁衍。即使在北美洲，它们也于2 000万年前灭绝。从那之后，北半球就没有我们已知的有袋动物了。不过，曾有一部分早期的有袋动物成功地迁居到了南美洲。当时，南美洲和南极洲、澳大利亚是联结在一起的一整块大陆，叫做冈瓦纳古陆，有袋动物遍布整个大陆。但是，那时的冈瓦纳古陆正处于分裂之中。先是4 500万年前，澳大利亚脱离开来，慢慢向北漂流；3 000万年前，南美洲又和南极洲分离，也向北方漂移。后来，全球气

新疣兽
这种澳大利亚的动物和牛一样大，是一种植食性动物。

袋貘（左图）
这种动物的主要特征，就是长有一个短象鼻。
双门齿兽（右图）
这种体形硕大的动物很像袋熊。它们生活在干旱的草原上，食草为生。

候变冷，南极洲成为冰冻大陆。然而就在那里，人们发现了4000万年前的有袋动物化石，表明它们曾经在这块大陆上繁衍生息过。

从共同的原始祖先开始，有袋动物在相互隔绝的南美洲和澳大利亚，进化成了不同的种类。如今居留在澳大利亚的那一支极为分化，种类很多，但在体形上都不如红袋鼠大。南美洲现存的有袋动物，大都比一只大老鼠还小。可情况原来不是这样的。2500万年前，南美洲的肉食性有袋动物比当地的豹还大。那时的南美袋犬是非常凶猛的野兽，而袋剑虎这种有袋动物，则早在马刀齿猫科动物出现之前，就已经具有马刀齿了。

近年来，人们挖掘、研究了5500万年前的澳大利亚化石层，发现了很多有袋动物化石。其中，包括一种小动物，它所属的科曾被认为仅存于南美洲，还包括一只古代袋狸、一些食虫动物和其他一些奇特的物种。

澳大利亚大陆上曾经生活着一种庞大的有袋动物。这种巨型短面袋鼠属于双门齿兽属，是植食性的四足类动物。它们高达3米，像犀牛一般大小，是我们已知的最大有袋动物。值得特别说明的是，它们并非生活在几百万年前，而是几千年前！

巨型短面袋鼠
这种动物生活在几千年前的澳大利亚，是已知最大的袋鼠。

食肉有袋动物

南美洲有80多种负鼠，它们大多数以昆虫或其他小动物为主食，此外还会吃一些水果和植物当"点心"。绝大部分负鼠都像老鼠一般大小，有些大点的则像猫一样。负鼠大都是爬树能手，双目前视，视力良好。

人们可能会认为，有袋动物是一种"失败"的物种。事实则恰恰相反，它们种类繁多，家族兴旺。有种有袋动物已经在北美洲安家落户，最北迁到了

北美负鼠

这种有袋动物把幼崽背在背上。

加拿大。这就是北美负鼠,它们一窝能产下56只小鼠。

　　澳大利亚现存70多种食肉有袋动物,分属于不同的科。其中最大的科当属袋鼬科,大多数老鼠大小的有袋动物都属于该科。袋鼬是凶猛的掠食动物,蝗虫和小蜥蜴都是它的盘中美食。有一支体形更大的属,大小和猫差不多,以捕食昆虫和小型脊椎动物为生。最大的袋鼬叫袋獾,即"塔斯马尼亚魔鬼",它长达80厘米,还有一条30厘米的长尾巴。虽然可以捕捉到较大的猎物,它却经常以动物尸体为食。它用利齿来咬碎尸骨,并吞食大块腐肉。袋狸属于另一科的食肉动物,它的外形与兔相似,以昆虫为主食。

袋食蚁兽

这种动物是食虫专家。

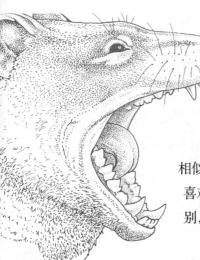

袋食蚁兽专吃白蚁。这种身长25厘米、尾长18厘米的动物，常常用它那细长的、附有黏液的舌头舔食白蚁。袋食蚁兽有52颗牙齿，比大多数陆生哺乳动物都多。

一些有袋动物的外形和动作与非有袋动物很相似。如袋鼹，是一种脚爪强健、皮毛光滑的动物，喜欢掘洞以挖食昆虫幼虫。尽管存在着细微的差别，但总体来说，袋鼹和真正的鼹鼠惊人的相似。

袋狼，又称"塔斯马尼亚狼"，是物种趋同的典型例子。它的体形似狗，善于长途奔跑，以追捕小袋鼠等猎物。但是，当地移民认为它会捕食牧场的绵羊，于是对它进行大量猎杀，最终造成这种动物的彻底灭绝。最后一只袋狼于1936年死于塔斯马尼亚岛上的动物园。

袋獾
这种动物的主要特征是它有一口凶猛锋利的牙齿。

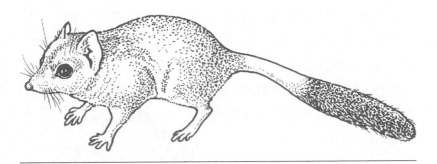

蓬尾袋鼬
这种看起来像老鼠的动物可是个掠食者。

一些袋狸的妊娠期不足13天，在哺乳动物中是最短的。和许多有袋动物一样，小袋狸会爬进妈妈向后张开的育儿袋里。

袋狸
这种动物有时会用它的长鼻子在土壤中挖洞，找小昆虫吃。

袋狼
这种动物在20世纪灭绝了。

食草有袋动物

澳大利亚地区居住着100多种食草有袋动物，其中一半左右是不同种类的袋鼠。与前颚长有很多门牙的食肉有袋动物不同，食草有袋动物只在下颚上长了两颗门牙。

袋鼠长有发达的育儿袋，这里可是幼袋鼠的天堂。它们一出生就自行爬到育儿袋里，直到长成能自由活动的大袋鼠。有趣的是，育儿袋里会有刚出生的、极小的幼崽衔住母亲的乳头，同时还可能有已经长成的幼袋鼠，钻进来以寻求保护。母袋鼠不同的乳头会分

袋熊
这种动物以擅长掘洞而为人所知。

蜜袋貂
这是最小的有袋动物之一。

泌出不同的乳汁,供它们分别吮吸。在袋鼠交配之后不久,雌兽体内的受精卵会停止发育,直到袋中幼崽发育成熟,并离开育儿袋或者幼袋鼠因体质不佳而夭折,育儿袋空出来的时候,才会继续发育。

红袋鼠是现存有袋动物中体形最大的一种,身高达1.65米,尾巴长达1米。它每次跳跃的距离可达9米,时速近50千米/时。最小的袋鼠是鼠袋鼠,身长只有25厘米,尾巴长15厘米。袋鼠一般在傍晚和夜间最为活跃,大多数食草为生,较小的种类还会吃草根。与绵羊相似,植物在它们的胃里会经历一系列的细菌发酵过程,才会被消化。不同种类的袋鼠栖息于不同的生活环境。

负鼠和袋貂跟猫的大小差不多,以树叶为主食,爬树本领高超。袋貂主要生活在新几内亚岛,尾巴善于缠绕树枝。

照料小袋鼠
出生之后,幼袋鼠会在妈妈的育儿袋里住上几个月。

袋貂
这种动物生有卷曲的尾巴,在必要时可以缠住树枝。

树袋熊专吃桉树叶。桉树叶非常坚韧,并含有毒油,但树袋熊的肠胃却能将其消化。树袋熊爬树时头部朝上,但它的育儿袋却是向后张开的。

刷尾负鼠可以生活在很多不同的环境中。不过,在花园里,它可是一种有害的动物。体形中等的环尾袋貂也是攀缘高手,它们脚爪有力,脚趾对生,利于抓握。它们以树叶为食,更大的盲肠有助于消化食物。

其他一些小负鼠以树脂或花蜜为食。蜜袋貂体重仅为10克,生有长吻、长舌,舌尖上还有刺毛,便于舔食花蜜。

袋熊是种身体偏重的穴居动物,以坚韧的低等草类及草根为食,一般在夜间活动。

原始的胎盘动物

胎盘动物大都是在欧洲、亚洲、非洲、北美洲发现的,甚至在南美洲也发现有它们的踪迹。但是在澳大利亚地区,较晚期的代表性动物群系是翼手目的蝙蝠和啮齿目动物,胎盘动物仅是次要的物种。

对此,一般的解释是,胎盘动物无法"漂洋过海"来到澳大利亚,因而无法取代当地土著的原始有袋动物。但是,20世纪90年代在澳大利亚出土的哺乳动物颚部化石却表明,1.15亿年前,原始的胎盘动物曾在这里生活。5 500万年前的澳大利亚已经独立成与其他大陆隔绝的大陆,在属于那个地质时代的化石层里,人们发现了一种踝节目的原始胎盘动物的遗迹。然而,在2 500万年前的化石层里,就只有大量有袋动物的化石,而不见有胎盘动物的踪迹。或许我们应该这样修正上面的说法:澳大利亚大陆上早期的胎盘动物是被有袋动物所取代的。

现代典型的哺乳动物,小到老鼠,大到虎、熊、象,都是胎盘动物。

野兔的胚胎
胚胎通过一种叫做胎盘的盘状组织与母体相连。

重褶齿猬
这是一种早期的胎盘动物,以昆虫为食,体长仅有20厘米。

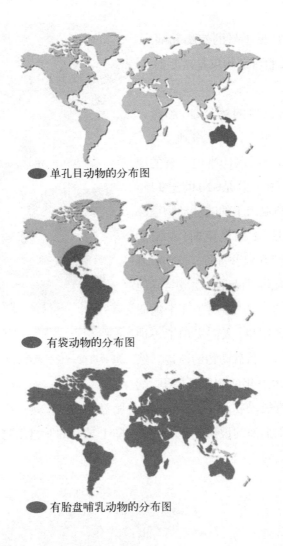

单孔目动物的分布图

有袋动物的分布图

有胎盘哺乳动物的分布图

　　胎盘动物生育后代的方式相比其他种类要更为高级。胎儿通过胎盘与母体的子宫相连,这种混合性的盘状组织可以从母体吸纳营养物质,继而通过脐带将营养传送给胎儿。胎儿可能要在子宫里待很长时间,例如,人类是怀胎九月,而大象则要一年以上。与有袋动物的幼崽相比,胎盘动物的初生幼儿要大一些,发育也更加完全。

以前，我们只能通过胎盘动物的牙齿化石，来推断它们8 000万年以前的历史。后来，在2000年，中国境内发现了一处1.25亿年前的化石湖床，这里除了恐龙化石以外，还挖掘出一块哺乳动物化石。这块化石骨架保存完好，皮毛和炭化的内脏软组织也清晰可见。这只动物被命名为始祖兽。它的牙齿和踝骨表明，它是我们已知最早的"有胎盘"的哺乳动物。但其实，我们并不知道这种动物到底有无胎盘，它只有13厘米长，臀部看起来很小，不能生出较大的幼兽。也许它是像有袋动物那样生育后代的。它善于攀缘，以昆虫为食。

始祖兽
这是最早的胎盘动物。

当然，初生幼崽的情况依动物的种类、习性而异。小羚羊一落地就会站立，甚至奔跑。有巢穴的动物，像老鼠或熊，生下的幼崽则非常弱小，通体无毛，睁不开眼睛。

除繁殖方式外，胎盘动物和有袋动物在骨骼结构等其他方面，都存在着很大差异。

食虫动物

尽管都属于食虫动物，但不同种类的食虫动物并不一定是近亲。例如，非洲马达加斯加岛上的马岛猬外表看起来很像刺猬，但生物分子学研究和其他证据表明，它们其实分属于不同的族系，有着不同的先祖。

至今世界各地仍有许多小型哺乳动物像早期的胎盘动物一样，以虫为食。它们共同的体形特征是，生有长鼻和很多利齿，四肢短小，脚有五趾。它们的大脑一般都不大。

鼩鼱是一种广为分布的动物，有着5 000万年以上的历史。它们体形纤小，性情凶残，十分活跃，经常在落叶层和地表洞穴里穿行，以捕食小猎物为生。鼩鼱大都喜欢独栖，经常把同类赶出自己的猎场。它们需要日夜进食，以补偿身体热量的损失，有时一天24小时都在狼吞虎咽。

大耳猬
这种动物生活在西亚地区的沙漠及草原上。

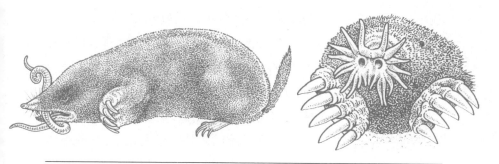

鼹鼠（左图）和星鼻鼹（右图）
鼹鼠以捕食蠕虫为生，有时它会一口咬住猎物，让它动弹不得。星鼻鼹的星状鼻对电流刺激非常敏感。

小臭鼩是最小的陆生动物，成年之后也只有几克重。

刺猬生活在非洲、欧洲和亚洲。它们身上长满了硬刺，一些刺猬如果受到惊吓的话，会紧缩成球状，以保护自己。鼹鼠穴居在地下，经常在地道里跑来跑去，捕食蠕虫。它们呈钝形的头部、平滑的皮毛、锹状的前爪和强健有力的肌肉，都有助于挖地洞。鼹鼠生活在南美洲、欧洲和亚洲，它多肉、多须的鼻子是非常敏锐的感觉器官。

斑纹马岛猬
一旦受到惊吓，这种动物脖子上的刺就会竖起。

87

沟齿鼩

这种动物用它的长鼻来掘洞,在土壤或腐木中寻找食物。

星鼻鼹的鼻子则散开成为肉质的星状物。

非洲的一个鼹鼠分支,叫金毛鼹,也有着同样的适应性特征。它们看起来很像袋鼹,但没什么亲缘关系。这两种动物的生活方式相似,因而外形也相似,是又一个物种趋同的例子。金毛鼹的眼睛已经退化了,它的小耳朵深藏在毛发中。鼻子上长着革质垫,有助于推开挡路的泥土。

尽管非洲大陆上曾发现过2 500万年前的马岛猬化石,但它们现在仅存于马达加斯加岛。马岛猬有很多不同的种类,有的外形像鼩鼱,有的外形像刺猬,还有的看起来什么动物都不像。它们以捕食各种昆虫和其他小动物为生。

沟齿鼩现仅存于古巴和海地,是曾在北美洲广为分布的一类动物的"遗孤"。它们长约30厘米,触觉和嗅觉灵敏,一般在夜间活动。它们的臭腺相当发达,并且和某些鼩鼱一样,它们的唾液是有毒的。

贫齿目动物

大食蚁兽生活在地面上。它的脚爪粗壮有力,可用来挖掘蚁巢;

舌长而富有黏液，适于舔食蚂蚁，一天能吃掉3.5万只蚂蚁；吻部尖长，但颚内无牙。小食蚁兽体形较小，栖于树上，常在树间攀缘，以搜寻白蚁的巢穴。它的尾巴可以缠绕在树枝上，像侏食蚁兽一样。侏食蚁兽是食蚁兽

科中体形最小的一种，全身长不过23厘米。这几种食蚁兽的脚爪都很发达，可以捣毁蚁巢或用于抵御敌害。

犰狳的背部覆有骨质鳞甲形式的保护性盾板。在面临敌害时，一些犰狳会蜷缩成披甲的圆球，但大多数种类都是迅速掘洞并躲藏于洞中，有时还会用自己的背甲挡住洞口。它们经常在土里掘食，食物包括昆虫等其他小动物以及腐肉、水果和草根。犰狳体形各异，小的如倭犰狳只有13厘米，大的如巨犰狳长达1米。几百万

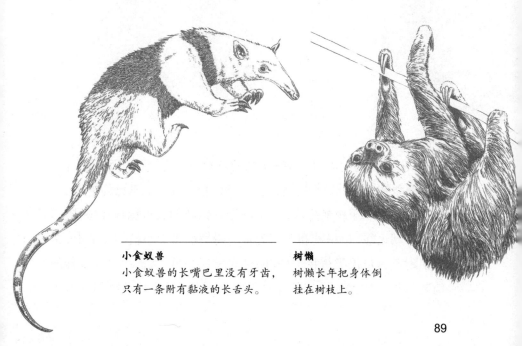

小食蚁兽
小食蚁兽的长嘴巴里没有牙齿，只有一条附有黏液的长舌头。

树懒
树懒长年把身体倒挂在树枝上。

89

生物学家认为,贫齿目动物起源于南美洲,并定居在那里,只有少数后代在近代迁入了北美洲。在德国发现的形似小食蚁兽的食蚁动物化石,目前暂不被视为贫齿目动物。

大地懒(左图)
历史上最大的地懒长达6米。除骨头化石之外,人们还发现了它们的皮肤化石。

披毛犰狳(右图)
这种动物安居在空旷地带,有时会被人们猎食。

年前,南美洲还生活着一种3米长的食草巨犰狳。300万年前,南、北美洲联结后,一些巨犰狳曾向北迁移,但现在它们都已经绝迹了。

树懒适应于树栖生活,一生都靠它钩状的大爪倒挂在树枝上。它们行动迟缓,以树叶和嫩芽为食。树懒那带有小槽的体毛上,常常积附着大量藻类植物,使它的外表呈现绿色,从而提供了极佳的伪装效果。树懒的一切行动都是慢吞吞的,但这种动物却异常兴旺,往往在当地森林哺乳动物居民中占有"重要席位"。它们的体温比一般的哺乳动物要低,也更易于调节。目前在化石记录中,还没有发现树懒的遗迹。但有证据表明,体大如象的巨型地懒曾是当地的重要动物种类。在某些地方,它们甚至一度与早期人类共存。

灵长目动物

正因为人类本身属于灵长目,我们便乐于认为这个物种更高等一些,但就某些方面而言,这种想法非常落后。例如,并非所有灵长目动物都有较大的大脑。它们的五指和五趾,也大多是从最早的哺乳动物那儿继承来的。就整个物种来说,灵长目是善于攀缘的树栖动物。我们的祖先开始了地面生活,适应地面对于它们发展智力和应对环境来说,是非常有利的。

灵长目包括人类、猿、猴子、婴猴和懒猴。

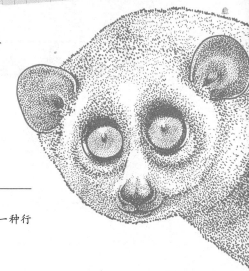

蜂猴

这种动物产自南亚地区,是一种行动迟缓的夜行性树栖动物。

灵长目的五指和五趾有助于抓握树枝。很多灵长目动物,尖利的爪子已经进化成为附于肉质指尖的扁平指(趾)甲,便于抓紧树枝。它们的拇指和大脚趾可以与其他手指和足趾对握,进一步增强了抓握能力。一些较"低等"的灵长目动物具有灵敏的嗅觉。但总体来说,视觉才是灵长目的第一官能。它们双眼前视,可以产生重叠影像,这样在攀缘或

环尾狐猴
这种动物的长尾巴起着保持平衡和发送信号的作用。

跳跃时便可对距离作出判断。灵长目都是社会性动物,尤其是猴子和猿,它们成群地生活在一起,过着群居生活,彼此间通过声音和手

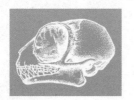

眼镜猴是生活在东南亚岛屿上的灵长目动物,个头很小,眼睛很大,与最早的灵长目化石有很多相似之处。有些眼镜猴的一只眼睛比整个大脑还要大。

势进行交流。

　　与大多数森林动物一样，灵长目化石很稀有。偶然发现的化石可以让我们推断出 5 500 万年前灵长目动物的情况。最早的较成功的灵长目动物是狐猴，好几个大陆都发现了它们的化石。但它们现在仅存于马达加斯加岛，大多数狐猴科动物都是树栖动物，善于攀缘和跳跃。

蜘蛛猴（上图）
这种美洲猴的尾巴能够缠绕在树枝上。

大猩猩（下图）
这是所有灵长目动物中最大的一种。

93

猴子主要有两个种类,它们的祖先在很早之前就分化了。南美洲的猴子鼻孔间距较宽,尾巴具有缠绕性,全部是树栖动物。

非洲和亚洲的猴子鼻孔较窄,这点和人类很相似。其中的树上居民尾巴很长,但只用于保持平衡,而不能缠绕树枝;其他的种类,如狒狒,则生活在空旷的地面上。有些猴子只吃特定的食物,如疣猴,专以树叶为食;但更多的猴子是杂食性的,水果、嫩芽、昆虫,都来者不拒、大小通吃。

长臂猿是体形最小的猿类。它们像其他猿类一样,没有尾巴,靠修长的双臂在东南亚丛林中荡来荡去,以啸声来传递信息。一些猩猩生活在印度尼西亚的婆罗洲岛和苏门答腊岛上,它们个大体重,但善于攀缘。和非洲中部的大猩猩一样,它们大都是素食动物。仅有的两种黑猩猩都来自非洲,很可能是与我们亲缘关系最近的物种。

兔类和啮齿目动物

尽管兔类同老鼠等啮齿目动物有相似之处,它们却是从不同的祖先进化而来的。最近的遗传学证据表明,在较早的时期,这两类动物同属于哺乳动物中的一个主要分支,这一分支中还包括了我们人类的祖先——灵长目动物。

早期的啮齿目动物生活在5 500万年前,看起来很像小松鼠。到2 500万年前时,我们现在所知的主要种类,基本上都已经进化。不过当今最为成功的啮齿目动物——鼠类,却直到

700万年前才出现。兔类的历史也很久远,可追溯到5 500万年以前。

兔类和啮齿目动物都长有专门的牙齿,来对付难以咀嚼的食物。它们前颚的门齿用于啃食坚硬的树皮或种皮,会不断磨短,并持续长出。它们没有犬齿,在颚部留有一个可用唇部封住的空隙,颊部有力的复齿可以将食物磨碎。兔类的上下颌均有一对门齿,而啮齿目动物只有一对,这一特征可以将两者区分开来。

兔类在各大陆都有分布,甚至包括澳大利亚。不过,澳大利亚的兔类是自欧洲人为引进的,不幸泛滥成灾,给澳大利亚当地的生态带来了巨大的损失。兔类共有44种,其中最大的是欧洲野兔,头部和身体总长75厘米,体重

长耳野兔
虽然这种动物也叫"兔",但它实际上是种野兔。和其他野兔一样,它长着长长的耳朵,生活在旷野上,而不是地下洞穴里。

达5公斤;最小的是北美侏兔,只有25厘米长,300克重。尽管有些兔类在遇到危险时,能够迅速转身逃跑,可它们仍以掘洞而居为主。

你 相 信 吗 ?

穴兔和鼠兔都会吃自己的粪便,将其中残余的营养物质再度回肠吸收,就像牛反刍一样。

兔类动物的主要类别
野兔(右)最大;兔子(中)较小,喜穴居;鼠兔(左)最小,大都生活在亚洲山地。

它们的脚爪较为有力,但显然并不利于掘洞。野兔生有发达的四肢,适应于地面生活,它们可以借助伪装来逃避敌害,必要时也会飞速逃离。

鼠兔生活在亚洲东部和美洲西北部,共有14种。这种动物四肢短小,耳短而圆,体形比一般的兔类要小。它们大都生活在寒冷的山地或大草原上,以洞穴周围的植物为食。它们往往在夏秋收集草叶,晾在阳光下晒干,然后储存在洞穴里,以备冬天青黄不接时食用。

松鼠

树松鼠是非常敏捷的攀缘动物，如欧亚红松鼠等，它们体态轻盈，只靠脚爪就可以爬上高大的树干。它们喜欢沿着树枝跳来跳去，在树林里追逐嬉戏。东南亚的倭松鼠只有18厘米长，30克重，其中尾长8厘米；而同一地区的巨松鼠，尾长与它相等，但身体长达45厘米，重达2千克。树松鼠大部分时间都生活在地面上，还有其他很多种松鼠的生活方式与此类似，如花栗鼠。

旱獭十分健硕，它们居住在地面上，但掘洞本领也很强。各种各样的旱獭生活在欧洲、亚洲和北美洲的高山地带，它们有在冬季冬眠的习性。许多在地表生活的松鼠都

啮齿目动物可分为松鼠形、豚鼠形和鼠形。它们之间的区分标准，主要是颚肌与颅骨相连的方式。松鼠形啮齿目动物共有近400种，分布于亚洲、欧洲、非洲、南美洲和北美洲，一般以树上的种子和坚果为食。

欧亚红松鼠
欧亚红松鼠是一种典型的攀缘动物。

囊鼠
这是一种穴居动物。

花栗鼠
这是非常漂亮、很具魅力的一种地松鼠。

知 识 窗

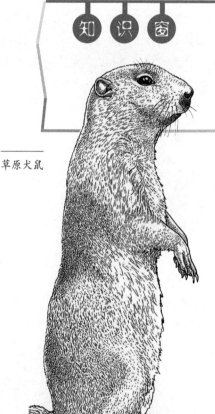

草原犬鼠

旱獭每年都要用9个月的时间来冬眠。

会通过掘洞来确立自己的势力范围。草原犬鼠是一种小旱獭,可以掘出非常大的洞。

松鼠形啮齿目动物包括袋貂和河狸,还包括山河狸。山河狸既不是真的河狸,也未必住在山上。它产自北美洲西部,善于掘洞,通常生活在地下洞穴里。它是一种体形小而圆的素食动物,是现存的最原始的啮齿目动物。

囊鼠源自南美洲,约有30种。它们身体紧凑,脖颈短小,喜欢以前肢和门齿为工具,在松软的土壤中掘洞,并把洞穴附近的草根和植物当做美食。它们的"辛苦劳作"有助于疏松土质,但也有可能毁坏作物。人们之所以给它们取名为"囊鼠",是因为它们的两颊各有一个有毛衬里的颊囊。

跳兔产自非洲,外形和其他松鼠形啮齿目动物不大像。它们身体瘦长,靠长长的后肢跳跃,以尾部来保持平衡。

跳兔
这种动物像袋鼠一样靠后肢跳跃。

它们的后脚爪看起来更像是蹄子。跳兔白天一般都待在洞里,晚上才出来寻觅青草等食物。它们的头部和身体总长43厘米,但尾巴比两者之和还要长。

老鼠和豚鼠

有些种类的鼠形啮齿目动物数量巨大。它们大都毫不起眼,个头微小,能进入并利用各种各样的生存环境生活,也许这就是它们成功繁衍的原因之一。

鼠形啮齿目动物是当今哺乳动物种群中数量最多的一种。它们生活在各种各样的环境里,遍布除南极洲之外的所有大陆,种类多达1 100种,占哺乳动物全部数量的四分之一。

长耳跳鼠
它生活在中国的沙漠地带。

睡鼠
它住在树上，一年有6个月或更长的时间都在睡眠之中。

它们基本上以植物种子为食，但它们的颚部适应于咀嚼多种食物。这类动物繁殖能力发达，适应能力很强，爬树、掘地、在地面飞奔，样样皆通，小林姬鼠和白足鼠就是其中的典型代表。

我们常见的老鼠是这类动物中成员较多的一类。它们大都生活在荒野上，对人类没什么影响。也有少数几种比较有害，会破坏人们贮藏的食物。黑鼠则因传播鼠疫而臭名昭著。

鼠形啮齿目动物还包括一些穴居动物，如完全生活在地下的盲鼹鼠，此外还包括适应于干燥气候的沙鼠、仓鼠，树栖的睡鼠，以及生活在沙漠地带、以后肢跳跃的长耳跳鼠。豚鼠形啮齿目动物主要生活在南美洲大陆。

有人会质疑，出自北美洲、非洲和亚洲的豪猪是否真的属于这类动物。而分子学证据和颅骨的结构表明，它们之间是有亲缘关系的。从古至今，豪猪都是一种陆生动物，但美洲豪猪善于攀缘，尾

白足鼠
它有着典型的老鼠脑袋：嘴边有须，
眼睛很大，适于夜间活动。

豪猪
非洲冕豪猪背上生有棘刺，可以背对敌害发
起攻击。

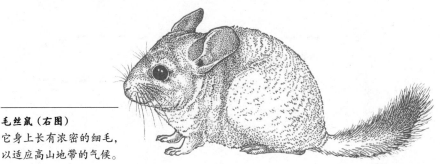

毛丝鼠（右图）
它身上长有浓密的细毛，
以适应高山地带的气候。

巴具有缠绕性。所有的豪猪都长有棘刺，这是由毛发演化来的，起
保护作用，有的还是倒生的。

　　南美洲的啮齿目动物大都生活在地面上，包括14种豚鼠，其中
有家养豚鼠的野生近亲物种。它们都是体型紧凑的小动物，但长耳
豚鼠是个例外。它四肢细长，适于在开阔的草原上快速奔跑。

　　栖居于南美洲森林中的无尾刺豚鼠和刺豚鼠都几乎没有尾巴，
也没有在奔跑时能将它们身体撑离地面的细长四肢。毛丝鼠全身披
着浓密的细毛，除外出觅食外，平时都藏身于地洞中。

知识窗

水豚是最大的啮齿目动物。它水陆两栖，以水边青草为食，肩高达60厘米，体重可达66千克。

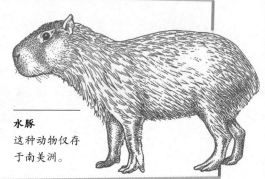

水豚
这种动物仅存于南美洲。

食肉动物

这里的食肉动物专指哺乳纲食肉目的动物。食肉目动物的食肉习性已经有6 000万年的历史。

大多数食肉动物都长着又长又尖的犬齿，以便于捕杀猎物。它们的下颚可以左右稍微移动，但强有力的颚肌更支持上下咬合。臼齿齿峰锐利，可以将肉切割成小块，以便于吞咽。上颌大臼齿特别大，形成剪刀状的撕咬第四枚前臼齿和下颌第一枚 工具。这种裂肉齿在猫科动物中最为发达。

捕捉猎物需要具备良好的感官。嗅觉对于很多食肉动物，特别是犬科动物来说,非常重要。在林地和高草草原等便于动物藏身的地方,听觉对于食肉动物来说是至关重要的。在空旷地带,食肉动物前视的双眼,有利于在突袭或最后冲刺之前帮它们进行距离判断。食肉动物的脚爪可用于攀缘,也是捕抓猎物和撕裂肉块的有力武器。猫科动物的利爪尤为发达,不使用时,还可以把它们缩回爪鞘。

典型的食肉动物
双目前视,是食肉动物的典型特征。

　　体形健硕的食肉动物靠脚底的肉垫行走,攀缘动物也是如此。行动最为迅捷的食肉动物,如犬科动物和小型猫科动物,可以用脚尖站立,以尽可能地利用四肢的长度,增加速度。

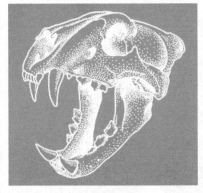

便于攻击
这个狮子颅骨的主要特征是颚骨向前,便于攻击猎物。

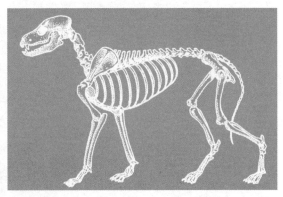

适于飞奔
狼的骨骼结构显示,它们适于远距离的快速奔跑。

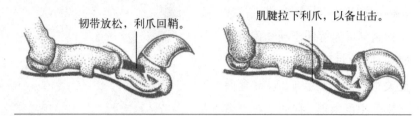

韧带放松，利爪回鞘。

肌腱拉下利爪，以备出击。

秘密武器
连接末端趾节的肌肉收缩，韧带收紧，猫科动物的利爪就伸出爪鞘了。

知 识 窗

　　穿山甲是一种生活在亚洲南部和非洲的食蚁动物，共有7个种，全身覆交叠的角质鳞甲。它们没有牙齿，无法咀嚼，但可以用富有黏液的长舌舔食昆虫，并在胃部将食物磨碎。它们的前肢非常有力。一些科学家认为，穿山甲是南美洲啮齿目动物的近亲。但分子学研究的证据表明，它们与食肉动物的联系更为密切，只不过在很早之前就分化出来了。在德国，曾发现一块5 000万年前的穿山甲化石。

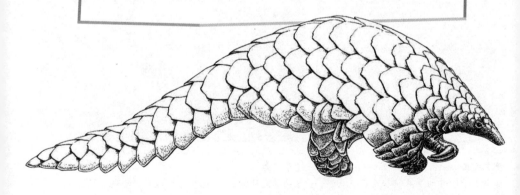

已知最早的食肉动物是一种形状与鼬相似的小动物，它们很快分化为两个分支：一支叫犬型亚目，包括犬科、熊科和鼬科等；另一支叫猫型亚目，包括猫科、麝猫科和獴科。人们曾发现过这两个已经灭绝了的亚目动物的化石。

古代食肉动物

　　远古时期，有一类哺乳动物曾经尝试过以肉为食，即有蹄类哺乳动物。这类动物中也进化出了一些大型动物，如5 500万年前的安氏中兽。这种动物有河马那么大，仅颅骨就长达1米。它们的脚趾末端有蹄，但同时长有犬齿和三角形的臼齿。安氏中兽可能和熊一样，是杂食性动物，也有可能吃腐肉为生。

　　在当代的食肉目出现之前，其他种类的哺乳动物一度是主要的食肉动物。

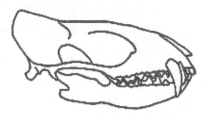

伟鬣兽颅骨

　　肉齿目动物很可能与食肉目有着共同的祖先，但属于不同的分支，也没有现存的后代。它们和食肉动物有很多相似之处，颚部同样有切割性的裂肉齿，不过构成裂肉齿的牙齿不尽相同。它们在5 500万—3 500万年前盛极一时，之后逐渐衰

安氏中兽和伟鬣兽

前者(左)可能是有史以来最大的肉食性哺乳动物,后者(右)出现于几百万年后,
生活在北美洲。

　　剑齿虎长有马刀齿,生活在南、北美洲地区,灭绝于
1万年前。在美国加州洛杉矶市的拉布雷沥青坑里,发现
了几千只剑齿虎的遗骸。它们很可能是前来捕食陷在坑
中的猛犸或者野牛,原本打算饱食一顿,不料自己也身陷
其中。

亡,其中有些种类又继续存活了3 000万年。

　　肉齿目动物脚有五趾,靠四肢支撑着身体,体形一般较小,有的
大小和狗、狮子差不多,但最大的可重达1吨。与现代食肉动物相
比,它们的大脑较小,四肢较短,也不够灵活敏捷。约从3 500万年
前起,食肉目取代它们成为主要的食肉动物。

最早的食肉目动物是细齿兽类，6 000万年前的化石表明，这是一种身体细长、长着长尾的小动物。它们生活在森林里，四肢短小、灵活，适应于爬树。到3 000万年前时，地球上生活着很多种食肉动物，它们体形大多和鼬相似，如黄昏犬。后来，食肉动物分化为两个后演化为现存食肉动物的科，其他的则都已绝迹。

猫科动物长出了各种各样的马刀齿形式。从2 500万—200万年前，长有马刀齿的猫科动物在数量上一直比普通猫科动物更占优势。它们的颚部和脖颈强健有力，这样便于张开嘴巴，利用巨大的、马刀状的上犬齿发起攻击。它们往往先用前爪抓牢猎物，然后再用牙齿撕咬，这样就可以猎食较大的动物。一些猫科动物的犬齿带有锯齿边，如剑齿猫，可以轻易地切断猎物的喉咙和血管。美洲剑齿虎长有圆锥形的犬齿，可以深深刺入猎物坚韧的皮肤。

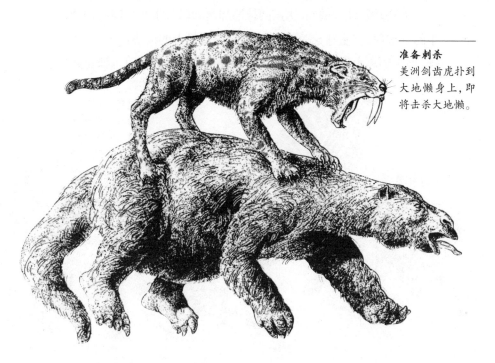

准备刺杀
美洲剑齿虎扑到大地懒身上，即将击杀大地懒。

现代食肉动物

犬科包括狼、豺和狐狸。这一家族中较大的动物，如狼和非洲野犬，可以长距离地追逐猎物，再将其猎杀。

犬科动物往往聚在一起，合力杀死个体无法对付的猎物，较小的犬科动物则相应地捕杀较小的猎物。很多犬科动物都会在正餐之外，再吃点植物，以作补充。

熊科动物体形健硕，美国阿拉斯加州的棕熊体重近1吨，即使是最小的马来熊，仍重达65千克。熊类以扁平足上的肉垫行走，不适应奔跑，但短距离内跑动的速度比人类要更快一些。它们可以捕食鹿一般

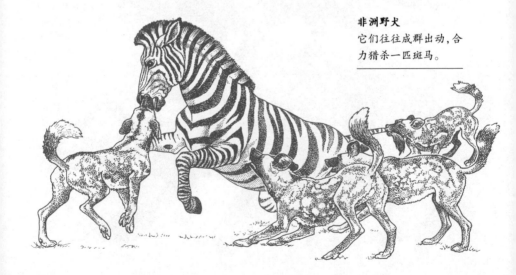

非洲野犬
它们往往成群出动，合力猎杀一匹斑马。

白鼬（右图）
它是一种凶残的动物杀手。有趣的是，即使换上了过冬的白色毛皮，它的尾巴尖也还是黑的。

眼镜熊（左图）
它们是生活在安第斯山脉的珍稀动物。

大小的猎物，也吃鱼、浆果、植物根茎、蜂蜜、昆虫幼虫等食物。

浣熊科大都是适应丛林生活的攀缘动物，主要生活在南美洲和中美洲地区，除浣熊外，还包括长鼻浣熊、长尾犬浣熊和中美蓬尾浣熊。它们大多数都是杂食性动物。

条纹鬣狗
这种动物分布广泛，从非洲北部到印度东部都可以见到它们的行踪。

有两种食肉动物可以凭借尾巴缠绕、悬挂在树枝上，它们是蜜熊和熊狸。蜜熊生活在美洲的热带地区，属浣熊科。熊狸生活在亚洲东南部，体形较大，体毛蓬松，属獴科。这两种动物都喜食水果。

蜜熊
它栖居在树上，用自己的长舌头来吸食水果和花朵。

小熊猫生活在亚洲，也是树栖动物。中国的大熊猫以竹子为主食，很可能是一种特化的熊。

鼬科大小各异，小的只有20厘米长、50克重，大的则重达15千克，如体形健壮的貂熊。它们大都是狩猎高手，有的还能猎杀比自己大的动物。它们有些是在地面上捕食的，如鼬；有些则在树上安居，如貂。这一科动物还包括臭鼬和獾。

獴科仅存于亚洲和非洲，包括主要生活在地面上的獴和攀缘动物麝猫。马达加斯加岛上有几种稀奇的獴科动物，包括神秘的、外表与猫极其相似的马岛长尾狸猫。

鬣狗生活在非洲和亚洲。它们前肢长于后肢，颚部强健有力。它们一般以腐肉和尸骨为食，不过也有些鬣狗是技术高超的猎手。

除澳大利亚外，猫科动物可谓遍及世界各地。它们共有35个种，大都是夜间出没的捕猎高手，感觉器官非常灵敏。其中，最小的野生种类是非洲南部的黑足猫，最大的是东北虎。

原始的有蹄动物

几千万年前，一些中型的哺乳动物开始向植食性动物转变。它们用宽平的磨牙来碾碎植物，同时，四肢变长，便于快速跑动以逃避敌害。其中，一些动物的脚爪变为圆形的宽趾甲，很多动物则长成了真正的足蹄。这些动物的后代以适应得来的趾尖和脚爪行走，就是现存的有蹄动物。

世界上现存许多种有蹄动物，如鹿、马等。尽管它们种类繁多，但与5 000万年前存在于地球上的众多种类相比，还是九牛一毛。

巨角犀
它长着奇特的双叉角，高达2.5米，3 000万年前生活于北美洲。

与有蹄动物的原始祖先并存的，还有其他的一些分支，不过后来都灭绝了。所谓"哺乳动物时代"的已过去的6 000万年里，非洲和南美洲都是与北半球大陆相分离的"孤岛"，在这两块大陆上进化出的很多动物，都是世界上其他地方没发现过的种类。

埃及重脚兽便是其中之一，它曾生活于非洲大陆上，长有明显的更适应于咀嚼植物的牙齿，还可能长有适应于采摘食物的柔软唇部。在这些方面及在总体外形上，它与犀牛很相似。但是，它的骨骼结构表明，二者之间无任何亲缘关系。埃及重脚兽的鼻骨上有两只巨角，可能与同样产自非洲的象类和蹄兔是远亲。蹄兔在外表上看起来很像短耳穴兔。生物学家通过解剖结构的一些情况认

埃及重脚兽（上图）
身长达3.3米，以沼泽植物为食。

蹄兔（下图）
其脚掌足垫的中间部分可以缩进，形成一个肉垫吸盘，以助于爬树。

土豚是非洲现存的另一种有蹄动物,它长有奇特的白齿和附有黏液的长舌,舔食蚂蚁和白蚁为生,并在胃部将食物磨碎。它白天穴居在地洞里,晚上才出来觅食。现存的这类土豚,与啮齿目的食蚁兽之间似乎不具有亲缘关系,与原始的有蹄动物,如蹄兔,倒是"远亲"。

为,蹄兔与象类可能存在亲缘关系,近年来的分子学研究证据有力地证明了这种说法。现代蹄兔长约60厘米,但在3 000万年前,它们的某些种类可是如小犀牛般的庞然大物。

南美洲的犹因他兽长达3.9米,它属于早期的一类叫做雷兽的有蹄动物。一些犹因他兽大小和猪差不多,不过更多是大如犀牛。它们的颅骨上生有一排棘角,上颚往往长着一对硕大的犬齿。所有的犹因他兽都已灭绝。

南美洲有蹄动物

大约1 300万年前,南、北美洲还是连在一起的整块大陆,并与其他大陆相分离,原始的有蹄动物就在这个时候开始灭绝。它们与生活在世界上其他地方的有蹄动物并无近亲关系,但令人惊奇的是,它们具有很多与别处有蹄动物一一对应的特征。因此,

我们能看到很多南美洲特有的动物,与我们平常所见的马、象、骆驼和其他许多种植食性动物相似,但绝不相同。在我们看来,它们长得太"奇怪"了。

其中一个很大的种类是南方有蹄目。这些动物以体形大小分两类,一类和穴兔相近,但可能比穴兔要大得多,几乎和熊差不多;另一类则体形硕大,脚有三趾,近似河马。它们在距今2 500万—500万年前尤为昌盛。箭齿兽存活的时间要长一些,它们是在近代通往北美洲的大陆桥形成之后灭绝的。

箭齿兽
这种体形硕大的动物生活在南美洲,以植物为食,于近代灭绝。

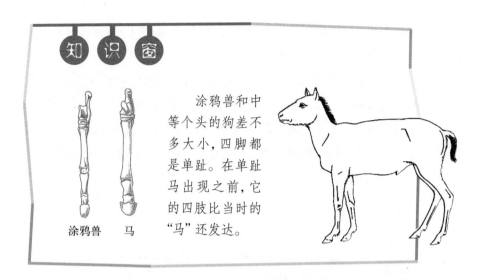

涂鸦兽和中等个头的狗差不多大小，四脚都是单趾。在单趾马出现之前，它的四肢比当时的"马"还发达。

涂鸦兽　马

　　焦兽是种体形健硕的有蹄动物，生活在3 000万年前。它们的上颚、下颚均长有较短的尖牙，鼻孔靠后，位于颅骨较高处，表明这种动物生有长长的"象鼻"，便于采摘食物。焦兽长达3.9米，高达2米，外形与象相似。

　　闪兽是另一种与外界动物无亲缘关系的大型哺乳动物，颅骨结构表明它们长有"象鼻"或长长的、灵活的上唇部。它们的牙齿已经特化，便于切食植物类食物。与

长颈驼
它看起来很像骆驼，但实际上二者毫无关联。

前肢相比,它们的后腿及臀部似乎发育得很不完全。闪兽高约1.5米,直到500万年前才绝迹。

　　滑距骨目是有蹄类的另一大目。其中最大的动物长颈驼,在外形上很像骆驼,不过长有一个短"象鼻",以帮助进食。最大的长颈驼肩高可达1.5米。最有趣的莫过于它外形似马、长腿善奔。在进化过程中,它们的侧趾消失了,这样有些种类的长颈驼就能像马一样,靠单趾站立、奔跑了。

奇蹄目动物

　　现存的有蹄类动物可分两大主要种类:奇蹄目和偶蹄目。奇蹄目动物包括马科、貘科和犀科。

　　奇蹄目动物主要是靠四肢的中趾来支撑体重的。在进化过程中,它们外侧的脚趾逐渐消失了,犀牛和早期的马类只剩三趾,现代的马类则只剩一趾。在过去,奇蹄目动物曾相当昌盛,但现在仅存16种。

　　貘科动物是森林动物,以树叶和嫩芽为食。它们用短象鼻和上唇把食物送入口中。现在的貘与2 000万年前的貘差不多,它们的近亲则可以追溯到3 000万年前。如今,北美洲现存有3种貘,还有1种貘生活在东南亚。

犀科动物是3 500万年前从貘科动物进化来的，除与现代犀牛相似的种类之外，还包括身体轻便的"跑犀"和一些庞然大物。巨犀是一种长颈、无角的动物，以树叶为食。它站立时可高达7.9米，比长颈鹿要高得多，很可能重达16吨，是已知最大的陆生哺乳动物。

在现存的五种犀牛里，非洲黑犀以丛生灌木为食，吻部尖而突起，适于抓取。白犀鼻口较平，上唇为方形，以青草为食。有三种犀牛生活在亚洲地区。

非洲和亚洲共有7种马、驴和斑马。目前，野生的斑马仍是数量众多，但其他两种动物的野生种类已经很稀少了。

根据形成于5 500万年前的一系列化石，我们可以了解到马科动物的进化过程。最初的马源自一种栖居于森林中的动物，以灌木丛中的柔软草木为食，大小和小狗差不多。后来，它们逐渐适应了旷野上的生活，体形变大，四

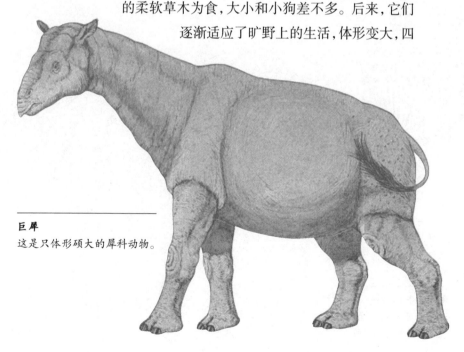

巨犀
这是只体形硕大的犀科动物。

马来貘

这种动物是貘科动物中最大的一种。我们可以根据它身体中部的白色皮毛，把它同美洲貘区分开来。

斑马（左图）

斑马的条纹是一种炫目的保护色。

印度犀牛（右图）

这种动物长有独角，皮肤上的折痕清晰可见。

肢变长，奔跑速度也加快了。它们的脚趾也由多个减少到一个，即形成了单蹄；牙齿则变得更大、更复杂、更适于咀嚼坚韧的草类。马的祖先很可能是独居的，但现代的马科动物大都成群生活，这样更利于在空旷地带进行自卫。

偶蹄目动物

　　有些偶蹄目动物只长有两个脚趾，但大多数偶蹄目动物在四蹄靠上的部位，还保留着两个小脚趾。这两个小脚趾一般是不会接触地面的，不过踩在松软泥土上的猪科动物例外。早期的偶

　　偶蹄目动物，包括猪科、河马科、骆驼科、长颈鹿科、鹿科和牛科等。它们靠四肢上有两个脚趾的蹄来支撑体重。

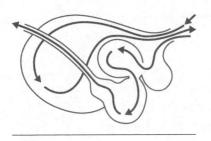

反刍胃

这种复胃是反刍的有蹄动物所特有的,其中包含的细菌有助于消化坚韧的植物类食物。

古骆驼

这是一种长颈的骆驼,高达3米,曾栖居于北美洲。

蹄目动物起源于5 500万年以前。与奇蹄目动物不同,偶蹄目动物至今种类繁多,多达190种,其中绝大部分都是现代种类,如鹿、羚羊、山羊等。

偶蹄目动物的牙齿非常适合咀嚼食物。除此之外,偶蹄目中较发达的动物还有另一种方式,可以最大限度地汲取食物的营养。它们的复胃有多个胃室,植物在此发酵并分解。食物在第一、第二胃室被消化成软块后,再重新返入口内,被充分咀嚼,这就是反刍。反刍后的食物再度进入其他两个胃室,继续进行消化。这样,比起具有单胃的植食性动物,它们对食物的消化更为彻底。

猪科共有九个种,大都是杂食动物,依靠它们灵敏的嗅觉和有力的猪鼻来掘食根茎和幼虫,或在地面上觅食。很多猪科动物都长有发达的獠牙,用于自我防卫。它们大都栖息于林地,生性比较胆小怯懦。

西猯生活在南美洲和中美洲。它们外形与猪相似,生活习性也有

红河猪（左图）
这是一种生活在非洲丛林中的大型野猪。

鹿豚（右图）
这是一种印度尼西亚的野猪，奇特之处在于它们的上獠牙能够贯通上唇部，长在鼻梁两侧。

很多相同之处，但其实它们属于不同的科。

很多类哺乳动物都起源于某个地区，再扩散到世界上其他地方，然后慢慢走向衰亡，不过也可能会在起源地之外的地方存活下来。

野双峰驼
这种动物生活在亚洲中部的戈壁滩上。

小羊驼
它生有细密、丝绸一般的被毛，一向为偷猎者觊觎。

西猯成群结队地生活在一起，一群的数量可多达100只。在受到美洲虎等掠食动物侵袭时，会有一只西猯勇敢地站出来，牺牲自己以护卫其他同伴逃走。

骆驼科动物出现于4 000万年前的北美洲，它们进化出了很多不同的种类，如颈部极长的古骆驼。直到200万年前，骆驼科才扩散到南美洲。约在1万年前，北美洲的最后一种骆驼灭绝了。如今，亚洲存有两种骆驼，非洲北部存有一种，南美洲存有两种无驼峰的野生骆驼，分别为小羊驼和原驼。

反刍动物

反刍动物是具有反刍习性的偶蹄目动物，它们最原始的祖先是鼷鹿。现存有四种鼷鹿，生活在非洲和亚洲的热带森林里。

鼷鹿仅40厘米高，身体肥圆，腿短而细，脚有四趾，以柔软的草木为食。自4 000万年前至今，它们都没什么变化，为我们研究早期有蹄类动物的外形提供了极好的样本。

长颈鹿（右图）
食物要"走"好长的路,才
能从长颈鹿的胃部返回到口
中,以便进行第二次咀嚼。

比较（左图）
四角鹿(上)长有奇特的角,生活在500万年前的
南美洲。
小旋角羚(下)是现代的一种非洲羚羊。

　　长颈鹿科现仅存两个种类,即长颈鹿和㺢㹢狓。长颈鹿,高达
6米,常以长吻长舌采摘树叶或灌木丛叶为食,栖息在非洲热带稀
树大草原上。㺢㹢狓生活在刚果东部的热带森林中,头部和舌头与

知识窗

大角鹿生活在冰期，高达2.4米，鹿角之间的跨距可宽达4米。它还有一个别名，叫爱尔兰大鹿，这是因为它保存良好的遗骸是在爱尔兰的泥炭沼里发现的。不过，它们的足迹曾经遍及欧亚大陆。

印度野牛
这是印度和中南半岛上最大的野牛。

长颈鹿很像，但体形较小，脖颈较短。它与在欧洲和亚洲发现的500万年前的一种动物化石非常相似。还有一种长颈鹿生活在非洲和亚洲地区，叫做西瓦鹿。它体形粗壮，面部长有分叉的角，不过已于200万年前灭绝。

除澳大利亚外，现存的40种鹿科动物分布于世界各地，它们大都生活在森林地区和林地，以灌木丛为食。它们大小各异，小的如南美洲的普度鹿，仅40厘米高；大的如北部地区的驼鹿，高达

山羊
这是一种生活在欧洲和亚洲高山地区的野生山羊。

2.3米。一般来说，雄鹿长有鹿角，雌鹿无角。不过驯鹿是个例外，雌雄鹿都有角。鹿角是骨质的，每年都会脱落，再重新长出。新角在骨化之前，质地松脆，外面蒙着一层天鹅绒状的茸皮。新角长大后，茸皮就会脱落。很多种鹿的鹿角会随身体成长而长大，起着一种宣示"力量"的信号作用。

牛科动物是偶蹄目中最庞大的一科，有180多个种类，包括牛、羚羊、野山羊和绵羊。它们生活在各种各样的环境里，从森林到沙漠，从沼泽低地到高山地区的干燥、岩石地带，到处都可见它们的踪影。不过，澳大利亚和南美洲没有原产的牛科动物。它们上颌无门齿和犬齿，臼齿齿冠高，咀嚼面宽，下颌有三对门齿，适于咬切植物。

很多牛科动物头上有角。它们的骨质角心是由额骨突起衍生而成，不会脱落，角心外面还包着一层由角蛋白构成的、坚硬的角套。雄兽和雌兽都可能长角，但雄兽的角往往比雌兽大得多。

象

早期的长鼻目动物，如始祖象，和现代的貘差不多大小。它们下颌突出，颚内长满短小的圆齿，前颚长有四根长牙，但相对较小。一系列的化石记录表明，在随

现存有三种象，其中两种分布在非洲，另一种存于亚洲南部。根据化石记录，长鼻目动物的历史可追溯到5 000万年前，它们的进化趋势十分明显。在漫长的进化史上，它们分布广泛、数量众多。直到近代以来，这种状况才有所改变。

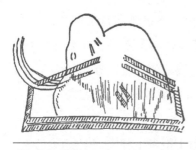

被困住的猛犸

这是石器时代某位艺术家的遗作。很明显,它描绘的场面是一只猛犸被困于可怕的陷阱之中。

后的进化过程中,长鼻目动物的体形逐渐增大,面部逐渐缩短,四肢也更为粗壮,更像柱子了。牙齿不再一次性全部长出,而是终生都在生长。它们的大量臼齿,是随着旧齿的逐渐脱落而依次长出的。最后一颗、也是最大的一颗牙齿,可能在它们30岁时才长出。象鼻也慢慢地进化出来,以作进食和饮水之用。很多种象的獠牙越长越大,很可能起到了帮助进食的作用。最早的长鼻目动物起源于非洲,并在非洲与其他大陆连接起来之后,扩散到了世界各地,包括美洲地区。

除了象类以外,长鼻目动物还包括乳齿象类。这种动物的牙齿结构较为简单,其早期种类与始祖象非常相似,后来的种类,如乳齿象本身,就与真象比较相似了。它们生活在北美洲,直到几千年前

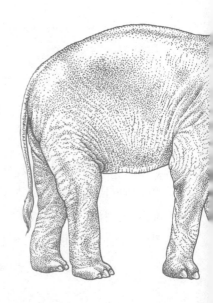

始祖象

这是一种体形较小的早期长鼻目动物。

才灭绝。长鼻目动物的另一个分支进化成了恐象。恐象仅在下颌长有一对向后下方弯曲的獠牙，它们对于恐象进食可能非常重要，但我们无从确证。

真象在200万年前才进入它们的全盛时期。它们种类繁多，有些与现存的象类亲缘关系密切。其中最大的种类是哥伦比亚猛犸，肩高达4.6米，但地中海岛屿上也发现了一些体形矮小的真象类化石。

嵌齿象
这个上下颌均长有獠牙的庞然大物，是一种早期的乳齿象。

亚洲象（跨页图）
亚洲象也叫印度象，雌象的妊娠期长达20个月。
非洲象（右图）
一头成年的雄性非洲象可重达6吨。

127

非洲象是现存最大的象类，生活在非洲丛林中或热带稀树大草原上，以草料为食。它长有巨大的象耳，可能有助于它散发热量。亚洲象则主要生活在森林地带。

尽管它们的肠胃功能强大，但大象仅能部分地消化进入体内的食物。它们一天可能要吃上18个小时，吃下重达150千克的草料。

这种全身长毛的猛犸是现代亚洲象的近亲，它生活在上一个冰期，以冰原上的草料为食。那时的人类与之共存，并将其形象绘制于岩洞壁画上。在俄罗斯的冻原上，曾发现有猛犸的冰冻遗体。

第6章

鸟　类

善于奔跑的鸟类

在非鸟类恐龙灭绝之后，地球上进化出一种食肉的不飞鸟类。它们体形硕大，生有巨喙，是鹤类的远亲。在大部分地区，它们的统治时期都十分短暂，很快被随后出现的食肉哺乳动物所取代，但在南美洲是个例外。在那里，由于没有食肉的胎盘动物与之竞争，像恐鹤这样的狩猎鸟类直到很晚才灭绝。

现存的大型不飞鸟包括鸸鹋、鹤鸵、美洲小鸵和鸵鸟，这些鸟都属于平胸鸟类。"平胸"二字是指它们的胸骨较为平坦，不具有供大块飞行胸肌附着的龙骨突起。它们的羽翼很小，鹤鸵甚至完全没有翅膀。另外，与飞鸟不同，它们的羽毛是对称生长的。

大型的不飞鸟类与有蹄动物较为类似。它们生有修长的双腿，为尽可能地保持轻便，它们将肌肉和重量都集中在大腿部位，小腿则主要由骨头和肌腱组成。大多数种类的脚趾减少至三个，鸵鸟更少，只有两个，其中较大的脚趾尖端有蹄状爪，它们在空旷地带可以健步如飞。

恐鹤

这种鸟站立时可高达3米，是一种杀伤力巨大的高阶掠食种类。

平胸鸟

上图展示了现存的平胸鸟类。从左到右,依次为鸵鸟、美洲小鸵、鹤鸵和鹬。

　　如今,鸵鸟仅存于非洲,其他大型不飞鸟也仅存于某一大陆,如南美洲的美洲小鸵、澳大利亚的鸸鹋、澳大利亚和新几内亚岛的鹤鸵,较小的鹬鸵也只生活在新西兰。在几百年前,人类刚刚登陆新西兰之际,仍有很多大型不飞鸟生活在这片土地上,它们叫做恐鸟,有

　　鹬鸵的两翼微小,羽毛松散。它们习惯昼伏夜出,以蠕虫为主食。它们主要靠嗅觉寻找食物,鼻孔生在长喙尖上。这两个特征在鸟类中是很不寻常的。按与身体的比例来说,鹬鸵下的蛋在所有鸟类中是最大的。和其他平胸鸟类一样,下蛋的是雌鸟,但孵蛋的却是雄鹬鸵。

的可高达3.5米。但是,它们很快就成为人类的猎杀对象,并走上灭绝之路。马达加斯加岛上也曾有几种不飞鸟类,包括象鸟。它们至少和鸵鸟一样高,但更为健硕。同样的,象鸟在人类的猎杀之下,也于几百年前灭绝。这样看来,除少数情况外,不飞鸟都是在没有掠食性哺乳动物的岛屿上进化并幸存下来的。

在关于平胸鸟类的一些问题上,科学家们还存在争议,如平胸鸟类的祖先是否能飞、不同种类的平胸鸟之间是否存在亲缘关系、它们相似的外形是否仅仅源于相同的生活方式。大多数科学家都认同,一些证据表明它们之间存在亲缘关系,它们的祖先可能是会飞的。除缺乏飞行能力这一共同特征外,它们上颚骨的骨骼安排方式都与普通鸟类不同,而与鹬的上颚骨结构同样原始。鹬生活在南美洲,外形像松鸡,稍微能飞,但飞得很差,我们一般将其归为平胸鸟类。

鸸鹋
它生活在澳大利亚大草原上。

第7章

生物群系

热带雨林

热带雨林是地球上稳定性最高、物种最丰富的生态环境之一。在温暖、湿润的气候条件下，植物生长异常繁茂，树木高耸入云，枝叶织成参天林冠，形成了"森林天篷"。在这之上还有一些更高的树种，像擎天柱一样高高耸立，俯瞰大地。

热带雨林的树枝上生长着苔藓、蕨类、凤梨科植物和其他植物类型。如果林冠不是非常浓密的话，它下面可能还会长有低冠层的小乔木或灌木。各种藤蔓依附着木本植物，向上面光线较强的地方攀缘生长，上方的藤本植物又会交错下垂，两者缠结成复杂的密网。

这里的密集植被，不仅为动物提供了树叶、水果、种子等大量食物，还提供了绝妙的藏身之地和各异的生活环境。

与其他生存环境相比，热带雨林在同一片空间里能容纳更多的动物物种，每种动物都生活在特定的雨林层中。非洲雨林的地面层上，生活着各种各样的有蹄动物，小的如小羚羊，大的有紫羚、㺢㹢狓和大象。很多动物都是独居动物，长有斑点或条纹状的伪装，起保护色或警戒色的作用，但它们还是会被善于爬树的非洲豹捕食。同样，南美洲热带雨林的地面层上也生活着不同种类的动物，不同的是，这里的貘、鹿和西猯被美洲虎猎杀。较高的林木层是各种猴子的天下，它们占林为王，各自栖居并守卫着所在的"三维空间"。

大量昆虫寄居在热带雨林的草木上或植物体内，它们是鸟类的可口美食，这些鸟似乎已经明确分好了工，分别以林木的不同部位

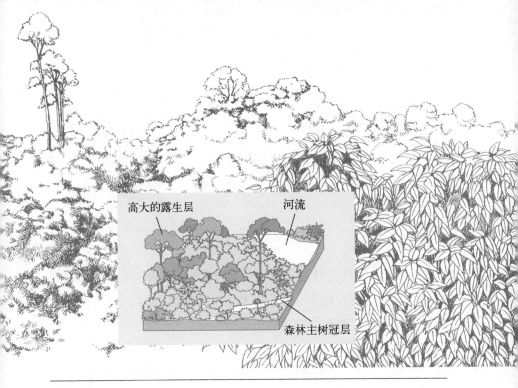

高大的露生层　　　河流

森林主树冠层

热带雨林
这里生长着地球上最为繁茂的植被,其中很多生物都生活在远离地面的高层空间里。

树蛙
许多树蛙都生活在热带雨林中。

热带雨林分布示意图

为捕虫阵地,如树干、树枝、树叶等。还有的像啄木鸟一样,专门在树皮上钻孔以捕食昆虫,鹦鹉则以树种为食。南美洲的大嘴鸟,或非洲和亚洲的犀鸟,喜欢从树枝上采摘水果吃。松鼠沿着细长的树

热带雨林是世界上几种最大的昆虫的栖息家园。其中，非洲的大角金龟长达10厘米，重达100克。

枝攀爬跳跃，蝴蝶在林冠之上翩翩起舞，喜食水果和昆虫的蝙蝠则在低空盘旋。还有蛙类、千足虫、蜈蚣、蜘蛛等。实际上，各种陆生动物的典型种类都在热带雨林里繁衍生息。可以说，这里是生命的天堂。

在某些方面，对于动物来说，热带雨林的生活是非常自在、舒适的。但另一方面，由于数量众多，这里的生存竞争也非常激烈。正因如此，其中的很多动物都专居其处、专用其食，这是热带雨林特有的生活方式。

温带疏林

温带疏林的树木大都是落叶乔木，一到冬季，树叶就会脱落。夏季是植物快速生长的季节，能为动物提供充足的食物，动物均会选择在此时繁育后代。温带疏林是美国东部和欧洲北部重要的天然植被类型，但现在几乎已被砍伐、清除殆尽，取而代之的是大量农田和城镇。

温带疏林中的生物种类不像热带雨林那么丰富，大多数动物的体形也都较小，尽管如此，仍有不可思议的大量物种栖息在这里。仅在英格兰地区，就至少有280种昆虫，或多或少、不同程度地寄居在橡树上。依附橡树为生的，还有很多较大的动物以及真菌、苔藓、藻类植物等。橡树可能是最好的宿主树之一，此外还有其他许多树种也是如此。总体来看，温带疏林的多样化程度是相当高的。

乔木是温带疏林的主要部分，不过有充足的光线可以透过开阔的林冠，照射在地面上，利于灌木层的形成及花

臭鼬
它生活在美洲大陆的温带疏林中，是一种体形较小的掠食者。

知 识 窗

温带疏林生态系统的一个重要组成部分，是分解地面残枝落叶的大量生物体，包括真菌、蛞蝓和微小的昆虫以及蚯蚓等蠕虫。森林中每平方米面积的土壤中，可能含有2 000条以上的蚯蚓。

朵、草丛的生长。落叶林的一个特有景观就是，春季到来时，先有繁花似锦，然后才是绿叶绽放、满林春光。

⬤ 温带疏林分布示意图

温带疏林

一般来说，温带疏林拥有丰富的动植物群。但如今很多地方的天然林区已被农田取代，物种数量极少。

林地持续退缩　　　农田占用优质土壤

这里生活着许多植食性动物，包括许多昆虫。毛虫嚼食树叶为生，一些微小的毛虫和其他昆虫，整个幼虫期可能都待在一片树叶上。鼠和松鼠等哺乳动物以种子、嫩芽和水果为食。欧洲温带疏林区的最大植食性动物是鹿和野猪。野牛现在仅存于波兰。这里的掠食动物理应包括狼和棕熊等，但在大部分地区，它们已经被人类猎杀光了。目前，温带疏林中主要的掠食动物是狐狸、野猫以及白鼬和貂等小动物。鸟的种类繁多，其中有些捕虫为食，如啄木鸟；还有些是掠食动物，如灰林鸮等。

北方针叶林

　　在很多地方，枞树、冷杉长得非常繁茂，遮天蔽日，林间地面上的光线十分昏暗。在这些参天林木之下，很少长有灌木丛或花草，而是堆积了厚厚的一层针状叶，它们是从树上落下的，正

在北半球温带疏林以北的寒冷地带，绵延着数千平方千米的针叶林，它主要是由枞树、冷杉等针叶树构成的。

在慢慢腐烂。这些针叶树四季常青，但衰老的叶子也会逐渐脱落。在林中一些较为平坦的开阔地带，还可能会有沼泽或水涝地。这种类型的森林，叫做针叶林。

　　北方针叶林内的生存环境在不同地区也是高度一式化的。在

北美洲和欧亚大陆的北方针叶林中,生活着很多同类动物。冬季的大部分时间里都是冰封雪冻,生物的生长期十分短暂。与温带疏林相比,这里的鸟类迁徙现象更为普遍,夏天生活在这里的很多鸟,都在入冬之前迁徙去南方了。夏天白昼很长,大量昆虫开始繁殖。这里有一些植食性动物,如田鼠、旅鼠、松鼠、美洲旱獭等。美洲旱獭有冬眠习性,但其他哺乳动物大都在冬季保持活跃,它们在雪下的空间里跑来跑去,以此来抵御地面上难耐的寒冷。有几种鹿生活

驼鹿
它们生活在北美洲和斯堪的纳维亚半岛的北方针叶林区,当地人称之为"驯鹿"。

知识窗

有些鸟类专以针叶树为食物来源。例如,交嘴雀专门摘食松果中的种子;星鸦可以靠它有力的尖喙撬开松果;最大的狩猎鸟大雷鸟,则在整个冬季都以坚硬的松针为食。

交嘴雀

北方针叶林分布示意图

在森林里，如欧亚大陆的红鹿，体形较大的加拿大马鹿，还有一种最大的、以嫩叶为食的驼鹿，即"欧洲麋鹿"。食肉动物则包括紫貂、貂熊、狼和熊等。

北方针叶林

比起更靠南方的温带疏林，这里的物种种类相对单一。

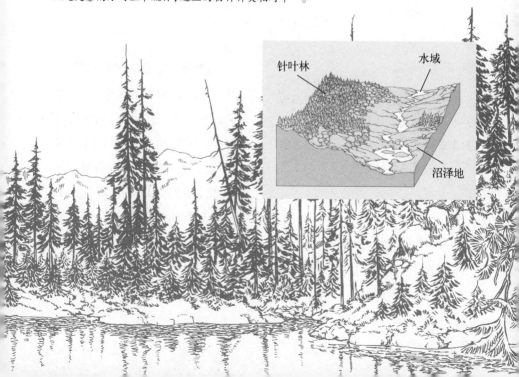

针叶林　　水域

沼泽地

这里的动物物种比温带疏林还要少,因此,食物链变得相当简单,一种食肉动物可能主要依赖于某一种特定的猎物。例如,美洲的猞猁以白靴兔为主食。这是一种会在冬季变成白色的兔子,因此得名。它们的繁殖能力很强,几年之内就会达到临界数量的每平方千米800只兔,超过了生存环境能容纳的程度。竞争加剧等原因会造成它们成批死亡、数量减少,开始新一轮的繁衍与衰亡,如此反复循环。严重依赖于白靴兔的猞猁的数量,也随之呈现相似的变化周期,不过要稍微延后一些。

热带草原

一些热带地区有部分降水,但很难满足成片树林生长的需要,因此这些地区的主要植被是草原。南美洲、澳大利亚和非洲都分布有热带草原。

撒哈拉沙漠南部的大陆上,是一片广袤无际的大草原,其中零星点缀着一些树木,这就是著名的非洲稀树大草原。这里全年高温,但一年中也有明显的季节变化,主要是以降水多少区分的。在短暂的雨季来临时,草长花开,生机勃勃,万象更新,异常繁茂。昆虫大量繁殖,鸟类也趁食物充足不失时机地筑巢、繁育。在旱季,稀树大草原上可能会燃起熊熊大火,但大火熄灭后,草根会很快发出新芽,沉睡的种子也开始萌发。

草原为大量动物提供了食物。数量众多的羚羊和水牛群就在非洲草原上吃草为生。每个物种的食物类型稍有不同，这样彼此间的竞争会减轻一些。疣猪掘草根为食，小瞪羚喜食短小的嫩芽，斑马则对粗糙的长草情有独钟。四散分布的树木和灌木丛也被不同高度的动物取食，其中最高的是长颈鹿，其次是大象，较矮的是一种羚羊，叫长颈羚。它长着长长的脖子，吃树叶时要以后腿站立来保持平衡。

长颈羚
这种羚羊专食灌木叶。

结成兽群的生活方式更加安全，这样就有更多的耳目可以防范掠食者。热带稀树大草原上最大的掠食动物是狮子，非洲豹和敏捷的猎豹也在此猎食，此外还有非洲猎犬和鬣狗。较小的猫科动物，如薮猫，则捕食较小的猎物。这里，很多小动物白天居住在洞穴里，以避

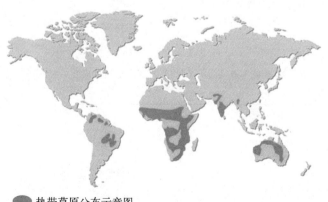

🔴 热带草原分布示意图

和哺乳动物一样，大草原上的鸟类也会四处迁徙，以充分利用环境。奎利亚雀是一种专食种子的雀类，在非洲草原上很常见。降雨过后，会有几百万只奎利亚雀聚集在某个地区，它们所筑的巢穴往往会覆满整片灌木丛。有时，一棵树上就会有几百只鸟巢，毫不稀奇。在一些地方，这些小鸟对于农民来说可是大灾害。

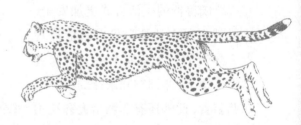

猎豹捕猎图（上图）
猎豹追捕瞪羚时，速度可达95千米/时。

热带草原（下图）
这种生态环境中零星散布着一些抗旱树种，可供大量摄入嫩叶的动物生长。

开烈日和掠食者，夜间才出来吃些草料。

草原上的兽群经常四处迁徙，寻找食物。生活在东非赛伦盖蒂大草原上的几百万只角马，就形成了一定的迁徙模式。它们会不断追随雨后的繁茂草地，并在旱季时全体迁向更为湿润的地带。它们排成纵队，一路前行，越过河流和其他障碍，直奔水草丰美之乡，幼崽也都是在迁徙的途中出生的。

温带草原

正如温带疏林和热带雨林在物种多样性方面相差很远，与热带稀树大草原相比，温带草原上的物种也少得多。不过，这里还是相当富饶的，足以供养大量植食性兽群在此繁衍生息。但对自然界来说很不幸的是，很多温带草原都被开辟为农田，用于农业耕作。

除热带地区，温带地区也有大面积的草原，它们一般位于雨水较少、不足以支持树木生长的内陆地带。主要的温带草原有北美洲大草原、南美洲彭巴草原和欧亚大陆东部的干草原。

北美洲大草原曾是几百万只美洲野牛的栖息家园，但大批兽群被人类所猎杀，如今几近灭绝。大草原的生态系统因此完全改变，尽管被辟为农田开垦的面积并不多。

有些小得多的野生动物得以存留下来。这里的啮齿目动物，

南美兔鼠
这种动物生活在南美洲大草原上。它们穴居在地下，
其庞大、复杂的地下宫殿系统可有三十多个出口。

● 温带草原分布示意图

小到老鼠、囊鼠，大到草原犬鼠，都以草原植被为食。它们又为较小的掠食动物所捕食，如鹰和臭鼬等。所谓"山中无老虎，猴子称大王"，现在，郊狼雄霸一方，成了整个草原上最大的哺乳动物掠食者。

欧亚大草原上也供养着大量食草动物兽群，如高鼻羚羊等。过去还有野马群，但现在已是非常罕见了。较小的动物包括地松鼠、黄鼠、野兔和其他一些小型啮齿目动物。这里的冬季十分严酷，很

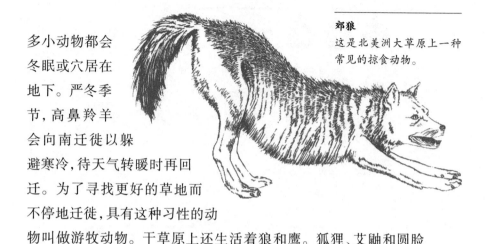

郊狼
这是北美洲大草原上一种常见的掠食动物。

多小动物都会冬眠或穴居在地下。严冬季节,高鼻羚羊会向南迁徙以躲避寒冷,待天气转暖时再回迁。为了寻找更好的草地而不停地迁徙,具有这种习性的动物叫做游牧动物。干草原上还生活着狼和鹰。狐狸、艾鼬和圆脸浓毛的兔狲体形较小,但也是精锐的掠食动物。

彭巴大草原上少有大型的哺乳动物兽群。草原鹿是成群生活的,但每个兽群仅由五六只鹿组成。栖居在草原上的美洲小鸵,鸟群数量可达三十多只。啮齿目动物包括南美兔鼠和栉鼠等穴居动物。长耳豚鼠结成的兽群较小,它们非常机警,善于奔跑。鹰和河狐以捕杀较小的植食性动物为食。穴鸮栖息在地洞或地隙里,可以占据有利地形来捕食小猎物。

温带草原
北美洲大草原是温带草原。如今这里大都已辟为农田,但它们曾经是大量的美洲野牛和其他植食性动物的天堂。

沙漠

降雨极少或完全没有降雨的地方就会产生沙漠。沙漠可能位于内陆地区，如亚洲的戈壁；也有可能是寒冷的、狭长的沿海沙漠带，如南美洲的阿塔卡马沙漠。

年降雨量在250毫米以下的地区常被归为沙漠。沙漠地区的降雨有时是全年平均分布，每次降雨量都极为微薄，也有可能是全部降雨都集中在一次冲泻而下。有的沙漠可能连续多年没有一滴雨。沙漠气候一般都是炎热的，但中亚地区的沙漠十分凉

角响尾蛇
这种响尾蛇会把身体摆成S形，以侧边伸缩的方式在沙地上向前跳动，其他沙漠蛇类运动的方式与此类似。

148

爽,极地附近甚至还有"寒冷的沙漠",那里的降雨或降雪极少,因而被称为沙漠。

沙漠植物都是特化植物,仅为存活。一些树的树根可深入到地下30米,以汲取地下水。北美洲的仙人掌不长树叶,以减少水耗,它的肉质茎内能贮存大量水分。其他地区的沙漠植物,在长期的适应过程中也演化出类似的特征。

有些植物用地下的肉质根储存水分。还有一些植物的生命周期非常短促,借助于滋育生命的雨水,它们在几天内便可完成生长、开花、结籽的全过程,然后死去。它们的种子会在下次降雨时萌发。

能在沙漠中存活的动物种类极为有限。有些昆虫生有厚厚的防水外壳,以减少水分流失。有些昆虫则利用夜间形成的微小露珠来维持生命。爬行动物长有干燥的鳞状皮肤,以减缓水分散失速度。即便如此,为躲避午间的酷热,它们仍要躲进岩缝中或钻入沙中。

较小的哺乳动物一般都在白天躲藏起来,在夜间凉爽时才外出活动。还有一些动物,如更格卢鼠,则完全不用喝水。它们可以从干燥的种子食物里摄取水分,排出的尿量也非常少,且极为浓缩。

沙漠

沙漠地带的岩石和山丘会不断受到侵蚀。某些地带会沙化,沙砾会被风刮起而产生不断移动的巨大沙丘。

受到侵蚀的干旱山丘

植被极少的多岩石地形

不断移动的沙丘

 沙漠分布示意图

　　骆驼无法躲避阳光,但它们的皮毛和背上富含脂肪的驼峰具有一定的隔热功能。当体内缺水时,骆驼可以在体温稍高于正常水平的40℃以上时才出汗。在凉爽的夜晚,它的体温可以降到正常水平之下,这样,在早晨后较长的时间体温才会逐渐升高。骆驼可以忍耐的脱水程度,也远比人类要高。在极渴的情况下,它一次可以喝下35升以上的水。骆驼的鼻孔可以闭合,长睫毛可以垂下,耳朵上的毛发也起着阻隔作用,这样就可以防止沙砾进入体内。它们脚趾上生有肉垫,行走起来不会陷在柔软的沙中。它们适应沙漠生活的能力非常强。

山地

在高山地带，海拔每升高150米，温度就会下降1℃。高山峰顶附近的空气非常稀薄，氧气含量比在海平面要低得多。这里的太阳辐射可能很强烈，但稀薄的大气无法消耗热量，地面温度可能会比空气温度还高。山顶夜晚非常寒冷，山顶周围狂风呼啸。即使在赤道地区，像乞力马扎罗山这样的高山，峰顶也可能终年积雪。山顶与山脚平原之间，分布着一系列的气候带。

高山地带的独特气候，为许多种类的野生动物提供了独一无二的生存环境。一座高山从山脚到山顶，可能就有非常明显的气候变化。

在海平面上，从赤道到极地，我们会经历一个非常明显的气候带演变，在山地上也有着类似的变化。山脚下可能生长着大面积的阔叶林，再往上是一圈针叶林，一直延伸到林木线，这里的月平均气温只有10℃。林木线之上是高山草甸，然后逐渐向上过渡到类似于北极冻原的植被类型。再之上，可能就是冰天雪地了。

几乎没有动物能在山顶附近存

牦牛
这种牛的栖息地海拔比其他任何牛的都高。在西藏，它已被驯养成为非常珍贵的家畜。

山地分布示意图

雪豹
这是一种生活在亚洲中部的高山上的猎食动物。

喜马拉雅山脉
这是地球上平均海拔最高的山脉。其中，珠穆朗玛峰高达 8 848.86 米，是世界最高峰。

活,但在山坡缝隙里可能会有一些小昆虫或螨类。大多数昆虫都贴近地面飞行,以免被风吹走。不过,仍有很多昆虫、种子和植物残片被风吹到雪地上来,成为山鸦等鸟类的食物。高山植物大都紧贴地面生长,它们地下的根部可能非常粗壮,但地面上的部分却像垫子一样平铺在坡面上。它们一般都长成绒毛状,以利于存储热量。

有些大型哺乳动物非常适应高山上的生存环境。牦牛生活在喜马拉雅山脉的高处,冬季以苔藓、地衣等微小植物为食。它身披厚厚的皮毛,能忍耐0℃以下的温度。各种野生的绵羊、山羊和羚羊也生活在这里,但冬季它们会迁往较低的坡面。旱獭高高地生活在草甸上和岩石间,会在冬季冬眠,以应对严寒和食物的匮乏。一些野鼠也能够适应这里的高度。还有西藏的鼠兔,西藏鼠兔是世界上住得最高的动物,它们的洞穴被安在海拔5 500米的高处。

生活在海拔较高处的哺乳动物,血液的携氧能力非常强。小羊驼每升血液中的红细胞含量有人类的三倍之多。

极地

南极洲大陆位于地球的最南端。这里是一片不毛之地，终年冰雪覆盖，狂风肆虐，温度可低至−88℃。对大多数生命形式来说，这里都是极难生存的。

在南极地区的一些冰峰上长有地衣，还发现了一两种昆虫和螨类。但是，只有南极洲的边缘地区，才是动物们的家园：海鸟和哺乳动物大都在这里栖息、繁衍；海豹会钻出冰面来哺育后代；帝企鹅也会在附着于地面的海冰上孵卵育雏。

北极虽然也极为寒冷，但更适于生物生存。北极的中心是一片海洋，在冬季结冰，但其边缘会在盛夏融化。北美洲和欧亚大陆的最北部也位于北

北极熊
这是北极地区最凶猛的掠食动物。它们的脚掌肉垫上长有毛皮，适于在冰上行走。

旅鼠
这是在北极生存的少数啮齿目动物之一。

极圈内,在冬季,这片陆地会被冰雪覆盖,几个月都会笼罩在黑暗之中;在夏季,白昼很长,地表冰雪融化,但地下深层的土壤仍然是冻住的。这时,由低矮的冻原植物构成的植被就会显露出来,其中许多是地衣和苔藓,但也会有仅十几厘米高的桦树和柳树。在六月到九月的短暂夏季里,这里还会有鲜花盛开。

在北极的夏季,很多鸟,如涉禽和鹅类,都会在冻原上筑巢,待雏鸟出壳后再向南迁徙。旅鼠是北极的永久居民,冬季到来时,它们会生活在雪下。

雷鸟、野兔、野鼠和地松鼠是其他生活在该地区的植食性动物。它们会被北极狐、雪鸮和鹰猎食。冻原地带最大的植食性动物是麝牛,为安全起见,它们往往成群结队地生活。

总体来说,北极地区动物种类极少,食物链很短。这里的动物长年上演着盛衰兴亡的循环历程,而不会像在其他更复杂的生态系统里那样,达到稳定的均衡状态。

知 识 窗

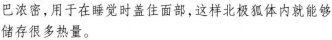

在低温环境中,大多数体形较小的哺乳动物都很难保持正常体温,但北极狐是个例外。它头部和身体总长60厘米,体重仅5千克,但它长有非常浓密的被毛,可以安然睡在−50℃的雪地上而不会被冻伤。它的耳朵很短,尾巴浓密,用于在睡觉时盖住面部,这样北极狐体内就能够储存很多热量。

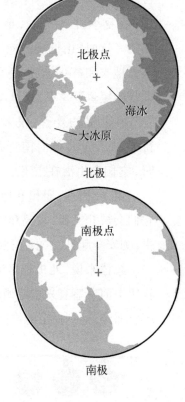

北极点

海冰

大冰原

北极

南极点

南极

雪鸮
雄雪鸮几乎全身雪白，雌鸟身上则长有黑斑纹，
它们直接把巢穴建在地面上。

冰山
在夏季，这些冰山会脱离极地
大冰原，漂流入海，上面的动
物一般也随之漂流。